生活因阅读而精彩

生活因阅读而精彩

True Happiness
原味的幸福

不懂这些你注定一辈子不会开心

易小欣◎著

中国华侨出版社

图书在版编目(CIP)数据

原味的幸福:不懂这些你注定一辈子不会开心 / 易小欣著.
—北京:中国华侨出版社,2013.8（2021.4重印）
ISBN 978-7-5113-3876-1

Ⅰ.①原… Ⅱ.①易… Ⅲ.①幸福—通俗读物
Ⅳ.①B82-49

中国版本图书馆 CIP 数据核字(2013)第 188270 号

原味的幸福:不懂这些你注定一辈子不会开心

著　　者	/ 易小欣
责任编辑	/ 梁　谋
责任校对	/ 李向荣
经　　销	/ 新华书店
开　　本	/ 787毫米×1092毫米　1/16　印张/18　字数/255千字
印　　刷	/ 三河市嵩川印刷有限公司
版　　次	/ 2013年9月第1版　2021年4月第2次印刷
书　　号	/ ISBN 978-7-5113-3876-1
定　　价	/ 48.00元

中国华侨出版社　北京市朝阳区静安里26号通成达大厦3层　邮编:100028
法律顾问:陈鹰律师事务所
编辑部:(010)64443056　64443979
发行部:(010)64443051　传真:(010)64439708
网址:www.oveaschin.com
E-mail:oveaschin@sina.com

序言

如果你问人们:幸福是什么?每个人都有自己的回答。

如果你继续问:你幸福吗?半数人会选择沉默。

如果你接着问:你得到过多少幸福?多数人会默默思索,无法给你确切的答案。

什么是幸福,怎么样才能得到幸福?要解答这个问题,首先我们来看这样一个故事:

一座森林被砍伐,动物们在兽王狮子的带领下寻找新的家园,它们走过沙漠、走过草原、走过高山,新的家园却还没有寻到。每一只动物都疲惫不堪,只有猴子每天蹦蹦跳跳,经常对大家做鬼脸,讲笑话。一只麻雀问猴子:"你难道不累吗?为什么你还笑得出来?"

猴子回答:"我当然觉得累,不过,想到我们即将住在新的家园,我就觉得幸福,我已经把这种幸福当作一种习惯。"

人生就是一次漫长的跋涉,祸福交错,五味俱全,懂得生活的人把幸福当作习惯,拥有时感恩,失意时珍重,平凡时安然,显赫时淡然。特别是在面对挫折的时刻,他们能够扬起笑脸,因为他们知道一切苦难都是幸福的前奏。

《原味的幸福:不懂这些你注定一辈子不会开心》是一本写给现代人的幸福读本,它精心选择了众多关于幸福的箴言,包括了事业、生活、情感、理财、心态等各方面的内容,通过一个个耐人寻味的故事,告诉人们幸福的秘诀、快乐的窍门。本书的文字明白晓畅,充满关于人生的感悟与浓郁的哲思,灯下夜读,如泉水流入心田,给人以启迪与慰藉。

每个人都是生命的主人、生活的主人,这辈子,你能得到多少幸福?本书将会告诉你,选择权在你,决定权也在你。

目录

第一辑
放慢脚步,等等我们的灵魂

随着年龄的增长,人们不可避免地要面对学业、生存和事业,每个人都在为前程拼搏,为梦想跋涉,人们的步伐越来越快,在收获的同时,心灵的疲惫也日渐增长。乐曲有固定的节拍,生命有特定的节奏,在忙碌中,不要忘记抚慰我们的灵魂,适当放慢脚步,欣赏沿途的无限风光。

002　觉得累,是因为身体走在灵魂的前面

004　你所做的让你远离了你所深爱的一切,这是最大的惩罚

007　在当下的时代,平静是真正的奢侈品

009　让思想有时间停下来,让灵魂可以自省

012　人生中有些东西需要懂得放弃和放下

014 在行动以前,先让心灵找到方向

017 爱我所爱,幸福在于相信

019 守株待兔有时是一种智慧

021 错过了朝阳,就别再错过星空

023 换个思维,你的收获并不少

026 旅途上,播洒灵魂的芳香

第二辑
只有生活的艺术家,才能随时随处品尝幸福

  海德格尔说:"人应该诗意地栖居在大地上。"当高速度的生活让我们劳累,高强度的工作让我们疲惫,不要忘记经常给身体和心灵放个假。每个人都应该是一位艺术家,懂得亲近自然,欣赏美好,关爱生命,让生活变得更加精致,更加惬意。

030 风景就在你的后花园

033 转换角色,别把工作带回家

036 把握技巧,谈话是 种艺术

039 懂得休息的人才懂得工作

042 把时间浪费在无用的事情上就是慢性自杀

045 给自己留个转身的空间

047 你真的没时间吗

050 在亲近自然的地方休息和工作

052 别太高估自己的承受力

055 忘记身份,给自己定制一个心灵假期

058 送别人一份小礼物,给自己一份好心情

第三辑
幸福不在别处,在当下

哲人说,每个人的一生只有三天:昨天,今天,明天。人们追忆昨日的欢喜或悲伤,感叹逝者如斯夫,展望明日的辉煌与成就,相信有梦想就有未来。过去已经不能把握,未来还是一个未知数,唯有"今日"能够稀释过去的痛苦,奠定未来幸福的基石。渴望成功的幸福,首先要学会珍惜当下,把握现在。

062 你所拥有的就是最适合你的

065 未来只垂青那些渴慕它的人

067　别让快乐在抱怨中溜走

070　善待别人也是善待自己

072　每一件小事都值得你去努力

075　不同的今天兑换不一样的明天

078　别在迟疑中错过天堂

080　别人的成功不是可以复制的

083　不要像时钟一样机械地转动

086　你吃的是最好的葡萄

089　梦想的路是一步步走出来的

第四辑
我们总是忘记幸福曾来过

　　经常听到有人抱怨：抱怨事业，抱怨家庭，抱怨感情……过多的抱怨占据了心灵，也遮住了他们的眼睛，使他们看不到幸福的机会。抱怨的人总认为幸福很遥远，其实幸福就在身边，只要静下心感受，就会发现幸福来自心灵，来自对生活的感恩，对未来的期待。

094　影响成功的往往是一些小事

096　换个角度，你会看到不一样的风景

099　赞美是世界上最动听的声音

102　靠得住的除了自己,还有别人

105　人心如水,清时甜浑时咸

108　不要垂涎那些"看上去很美"的东西

110　不要冒犯身边的人

113　适可而止是一种智慧

116　想与天使为伍,你不能是恶魔

118　有修养的人总是对别人怀着永恒的尊重

120　幸福是当好一个普通人

第五辑
最真的幸福在苦尽甘来时

　　世事无常,人们难免遭遇挫折,经历痛苦。挫折并不可怕,一次失败更不是人生的终点,坚强的人总能战胜困难,得到生命中最珍贵的财富。风雨过后会有彩虹,流过泪的眼睛更清晰,痛苦之后生命愈发从容:懂得痛苦的人,才能真正理解幸福的真谛。

126　挫折是上天给我们的赏赐

128　发现自己,你是一颗无价的钻石

131　别让痛苦毁掉幸福的机会

134　找准位置,是金子总有发光的一天

137　专心耕耘自己的田地才是正道

139　没有完全自由的自由

142　沿着同一个方向,你才能走到最远的地方

145　了解自己,自知之明最珍贵

148　即使困难,也要坚持自己的立场

151　你的价值由你自己决定

154　开心是一天,不开心也是一天

第六辑
让物质为幸福护航

　　幸福与金钱的关系,是现代社会不可回避的话题,幸福不是空中楼阁,它需要简单的物质基础。每个人都应做一个既不俗气,又能够随时随地为幸福买单、为生活护航的人。

158　金钱不是万恶之源,万恶源于贪念

160　日子总有不好过的时候

163　储蓄以备不时之需

165　不要在今天花光明天的钱

168　按需生活是一种智慧

170　远离虚荣,最贵的东西不一定最好

173　每一分钱都要用在"刀刃"上

175　不要做金钱的奴隶

178　今天少花钱,明天就会有更多的钱

180　拥有清醒的债务意识

第七辑
生活需要用心,幸福在于发现

生活不需要雄才大略,却需要深思熟虑,用心做事的人往往取得成功,用心生活的人常常感到快乐。每一幅绚丽的图画都需要平展洁白的画布,每一份幸福都需要坦然安详的心灵容纳,留意每一个细节,因为生活中的一点一滴,都可能是幸福的源泉。

184　爱笑的人运气不会太差

187　除非有充足的证据,否则不要轻易评价别人

190　体谅别人难处，才会被人体谅

192　静下心来，听听别人怎么说

195　信任他人，就是给自己一个机会

198　返璞归真，生命需要保鲜

201　闲散者永远等不到机会的船

204　心胸开阔，且莫因小失大

206　没有自我的人最可悲

209　简单可以孕育伟大的成就

第八辑
把工作变为快乐天堂

　　繁忙的都市，劳累的工作，为事业打拼的人习惯将工作看做一种考验、一种负担，甚至是一种磨难，认为它与幸福无关。但是，事业是幸福的基础，也是实现自身价值的途径，直接决定了一个人的生活状态。那些心怀热情，认真对待工作的人，总是把工作看做是一种幸福，并从中得到满足。

214　你把工作当负担，工作就是你的负担

217　诚信是做人做事的根本

220　好员工都喜欢"多管闲事"

222　有价值的是服务,而不是时间

224　工作时间,私事靠边

227　机遇一定会光顾有准备的人

229　主动的人才能抢占先机

231　不只为薪水工作,更要为事业工作

234　在你抱怨的时候,机会正悄悄溜走

237　任务应该在昨天完成

239　不要和自己的失败赌气

第九辑
与负面能量断舍离

　　心灵是一个容器,注满琐碎,人就疲惫;注满忧郁,人就黯淡;注满希望,人就会如花朵般舒展。人生伤痛难免、失意难免,若心灵始终被负面情绪占据,就像乌云遮挡天空,看不到阳光。摆脱那些负面缠累,用真挚的心感受世界,幸福会一路跟随我们。

242　让我们时刻想着那些快乐幸福的时光

245　很多麻烦都是我们自己想出来的

247 心里想着阳光,阳光就会真的普照
250 只要你坚信,你就可以做到
253 钻牛角尖,会让世界变小
256 付出真诚,才能收获真诚
258 人生没有重来的机会
261 健康的生活是成功的一半
264 健康的心态使人益寿延年
266 灵魂的美不会随着岁月的流逝而消失
269 带着爱和希望前行

第一辑

放慢脚步,等等我们的灵魂

随着年龄的增长,人们不可避免地要面对学业、生存和事业,每个人都在为前程拼搏,为梦想跋涉,人们的步伐越来越快,在收获的同时,心灵的疲惫也日渐增长。乐曲有固定的节拍,生命有特定的节奏,在忙碌中,不要忘记抚慰我们的灵魂,适当放慢脚步,欣赏沿途的无限风光。

觉得累，是因为身体走在灵魂的前面

身体的疲劳不能打倒灵魂，灵魂的困顿却能够拖垮身体。

有这样一幅漫画：一个提着公文包的男人、一个拎着名牌手袋的女人和一个背着书包的小学生快步走在街道上，他们的灵魂气喘吁吁地跟在身后，怎么也追不上他们。

当一个人只顾着赶路，他可能忘记灵魂的负担越来越重，当人们为着公事、为着追求、为着学业忙碌时，却不知道已离灵魂越来越远。

每一天我们都会看到漫画里的场景：男人们提着公文包，女人们拎着手提袋，学生们背着书包，面色焦急，匆匆忙忙地走在城市的大街小巷，像是被什么东西追赶着。如果你拦下其中一个，他会不耐烦地说："我在赶时间！"——事实上，是时间在追赶他们。古希腊哲人说："人生应该是一次漫长而惬意的散步。"曾几何时，我们的生活变成了无止境的赛跑。

我们每天都在匆匆忙忙地追赶，赶车，赶进度，赶功课，我们的目标似乎唾手可得，又似乎总是遥不可及。我们害怕被他人捷足先登，害怕一不小心就被别人落下，只能拼命地跑，却不知道当生命高速运转的时候，灵魂已经疲惫不堪。

有一款流行的游戏叫"极速飞车"，玩家在虚拟空间中体验赛车的快感，资深玩家都有这样的感触:"赛车时出现事故,是因为习惯了高速度,有时候会忘记刹车,有时候存在侥幸心理,认为不刹车、不转弯也不会出事。"

我们的生活何尝不是一样,当我们习惯了追赶,习惯了高速度,习惯了所谓的"一往无前",就会像眼中只有终点的赛车手,忘记周围环境的危险,忘记身体疲劳的信号,忘记灵魂的紧绷,一心只想赢得胜利。但是,生活并不是一次赛车比赛,终点并不是人们的唯一追求,当身体期望"更高、更快、更强"时,灵魂却需要坐下来休息,或者悠闲地行走。

哥伦布发现新大陆后,很多欧洲冒险家前往美洲大陆,一位西班牙旅行者去亚马逊腹地探险,他和几个原住居民成了朋友,在他们的带领下开始旅行。旅途中,欧洲人不适应当地的气候,几次要求停下来休息,原住民很体谅他,总是陪他养精蓄锐,给他烹饪食物。

到了第五天早晨,欧洲人精神很好,可是原住民们却说他们今天要休息,因为"身体走得太快,不等一等的话,灵魂会落在后面"。

美洲人尊崇灵魂,在他们看来,灵魂是超越身体的存在,人类没有灵魂,身体只是一个躯壳,劳作和享受都没有意义。人们应该关心的是自己的灵魂,灵魂需要安静的滋养,需要舒展的冥思,灵魂的安谧能抚慰身体的疲劳,也能让人鼓足干劲,应对更多的困难。最理想的状态是灵魂与肉体同在,当肉体被世俗缠绕,不得不赶路时,也要在行走时适时等待,让灵魂赶上自己的肉体。

如果生活只有单一的目标,需要多方面慰藉的心灵就不能得到满足,所以,行走太快的人更易疲惫,他们也许走在某一行列的最前方,却总是觉得有什么东西被自己遗忘了,丢弃了,最后得到的,远远不能填满丢失的部分,这就是只顾拼搏,放弃体验生命的人常常说的"灵魂的缺失"。如果生活就是不断的赛跑,有一定极限的肉体早晚会承受不住,所以,行走太快的人更易衰老,他们的生命既缺少灵魂的滋润,也缺乏身体的缓冲,像一根弹簧伸得太久,最终会失去弹性。

《西游记》里，孙悟空打下三个人参果，请两位师弟一起品尝，孙悟空和沙僧慢慢地吃着香甜的果子，只有猪八戒一口将果子吞进肚里，根本没尝出滋味。生命也是这样的过程，懂得生命的人，会慢慢地领略人生的滋味，而那些走得太快太急的人，感叹光阴飞逝，把所有时间花在赶路上，哪里有时间体会人生的酸甜苦辣，五味七情？我们"怕别人赶超""怕被别人落下"而飞快地奔走，只因我们太过急功近利，有什么目标就要飞快地抓在手中，而灵魂真正想要的东西，也许并不是我们手中的权力、财富、成就，也许只是一次安稳的睡眠，一次久违的旅行，一个亲切的笑脸。

汪曾祺说："慢点走，欣赏你自己。"在人生的长路上，懂得漫步的人最懂得生活，因为他们等的并不是别人，而是自己的灵魂。

你所做的让你远离了你所深爱的一切，这是最大的惩罚

人生最大的遗憾不是做不到，而是做到后才发觉自己早已偏离了最初的方向。

从前有一只狐狸，它家附近有几棵葡萄树，狐狸每天都想尝一尝树上的葡萄，夜深人静的时候，它偷偷地翻过篱笆，站在树下垂涎一串串紫红色的葡萄，然后用尽全身的力气向上跳。可是每一次，它都摘不到葡萄，日复一日，等到收获的季节，葡萄被主人摘走，狐狸暗暗发誓：明年一定要摘到葡萄！

第二年到了,葡萄还是青色,狐狸就已经迫不及待地想尝尝,它一次次地跳得更高,以致附近的动物们都来看热闹,想看看狐狸什么时候能吃到葡萄。有了观众,狐狸开始注意自己的形象,他开始练习如何让自己助跑的姿势更帅,跳跃的姿势更美,在众人的喝彩声中,他的跳高技术越来越出众,远处森林的狮子都慕名前来观看,狐狸也一天比一天得意。

转眼收获的季节又到了,狐狸这才想起,他每天只顾着琢磨如何跳得更好,这一年,它已经能够跳得和树枝一样高,可它却忘记了摘葡萄!

一直想摘葡萄的狐狸,阴差阳错地成了其他动物赞美的跳高选手,这是它始料未及的事,它陶醉在观众们的喝彩声中,渐渐地忘记了自己的目标。一串葡萄也许没那么重要,做一个跳高选手也没什么不好,只是,当冬天来临的时候,想到自己终究没吃到的那串葡萄,心里还是会觉得遗憾。

人们常常把人生比作一条长路,既然是路,难免会有岔路口,美国诗人弗罗斯特有一次在林间散步,发现两条小路,他觉得这小路就像人生,总要面临选择。人们总在走一条路的同时,惦记着没有选择的另一条路,不断问自己:"如果当时选了另一个,生活会不会更好?"有时候还有另一种情况,沿着一条路一直走,却不知不觉偏离了方向。察觉时已经回不到原来的路。这时候人们又会问自己:"如果当时没有走错方向,生活会不会更好?"

旅途的劳顿和沿路的诱惑,经常让我们迷失最初的方向,所以,我们常常看到一个立志为民造福的人,因为贪欲成了贪官;看到一个追求梦想的画家,因为生存成了按照他人意思作画的画匠;看到一个淡泊如水的君子,因为现实压力变成蝇营狗苟的小人……当他们清醒后回过头,发现自己失去了最重要的东西,只能后悔莫及。

张希在N市做高中老师,有一天,她接到了大学同学会的邀请。在一家装修很有档次的酒楼上,她看到了自己的同学王倩。

王倩是个传奇人物,听说她大学毕业后不久就开了自己的饭店,现在已经在十几个城市开了连锁店。同学们围住王倩,表达自己的羡慕,王倩摇摇头说:"你们以为女强人生活得很好?就拿我来说,大学时我有个很好的男朋友,我们本来是合适的一对,可是当时我一心想要打拼事业,根本不重视他的感受。大学毕业后他终于提了分手,我呢,一气之下同意了。现在我成了大老板,却一直单身,我发觉遇到的每个男人都不如他,他呢,早就结婚了。每天晚上我回到家,看到房间里空空的,就想起那时候他每天给我做饭,你们说,当女强人好吗?"

张希没有说话,她突然觉得,整天忙着备课讲课的自己很幸福,至少她有个圆满的家,一个疼爱自己的丈夫。

像王倩这样的女强人,拥有人人羡慕的生活,也有自己的隐痛。而像张希这样的普通人,却拥有内心的安乐和满足,在她们看来,一个安稳的家庭,一个陪伴自己的丈夫,比一份锦衣玉食的生活更值得珍惜,可见,在人生的道路上,最可怕的不是背离最初的目标,而是远离了深爱的一切。

哲人告诉我们,做人做事不能违背自己的本心,本心既指一个人的良心,也指一个人对人生的最初设想和最初追求。人生的道路如果没有理智和情感共同护航,很容易走上歧路,越走越偏,越偏越远。就像成功的父母不只要为自己的孩子赚取教育资金,还要给他足够的关爱,如果只为他赚钱,小孩子就会缺少家庭感,冷漠而不负责任;如果只是单单的给予关怀,小孩子也不会有一个好的成长环境,学会和他人竞争的本领,最后沦为父母羽翼下长不大的雏鸟。

我们的人生也像一个必须精心培养的小生命,从前,有父母为我们遮风挡雨,长大后,我们要自己教育自己、自己关爱自己,在人生的道路上,必须时刻提醒自己:什么是最大的目标?必须清醒地认识到:我想要的究竟是什么?牢牢把握方向的人,才能做人生真正的主人,也只有这样的人,内心才会满足,才会懂得真正的幸福。

在当下的时代，平静是真正的奢侈品

灵台清静，静能生慧。

N市房地产经过几年的发展，已经呈现供过于求的状态，大量现房无人购买，特别是一些打出"高端"旗号的高等住宅更是无人问津。令各大房地产商想不到的是，在市场低迷的情况下，某楼盘甫一开盘，就被高价抢购一空。经过调查，大家发现该楼盘的设施、地理位置、价格都不是业界最好的，那么它热销的秘密是什么？

答案很简单，该楼盘在小区设备上着重于"静"，开发商的广告语是："在闹市中享受难得的宁静。"小区使用了大面积的树木用来隔离市区的声音，在建筑材质上，也着重在隔音效果上下功夫。走进该楼盘，就像远离尘嚣，走进了另一个宁静的世界，让人瞬间感到心静。

"都市里最难得的就是安静，一直想找这样一间房子，很可惜错过了这一期，我等下一期开盘。"一位想要入住该楼盘的市民这样说。

厌倦了鸽笼似的小区，伸不开手臂的格子间，劳累辛苦的生活使现代人最向往的是在熙熙攘攘的闹市寻觅一方净土。开发商针对这种心理，设计了该楼盘，这个小区的成功，反映了现代人想要在浮躁中返璞归真的愿望：每一个生活被工作、人际占满的职场"成功人士"，都希望有个安静祥和的家。

真正的宁静并不在于外部环境,而来自自己的内心。诸葛亮说:"君子之行,静以修身,俭以养德,非淡泊无以明志,非宁静无以致远。"君子的修为首先来自于内心的宁静,现代人追求的精神自由,也正是这种宁静。

但是,在当今时代,平静是真正的奢侈品。当我们不断地追求物质时,却发现精神与物质很难完全相容。金钱买得来舒适的生活,却不能让浮躁的心态舒缓片刻,大都市中,瑜伽馆盛行,人们都在提倡修身养性,可是工作一忙,修身忘了,养性更谈不上,瑜伽毯卷起来放在角落里,不久布满灰尘,就像我们的心灵。

一个小和尚犯了错误,被寺里的方丈关了一个月禁闭,在狭窄的禁闭室里,只有四面灰色的墙壁,一个又高又小的窗子。小和尚正是好动的年龄,他看不下师父命人送来的佛经,也不想敲木鱼,甚至不想吃一日三餐,他在心里不停抱怨。

第二天,囚室飞进了一只苍蝇,围着小和尚转来转去,一直嗡嗡叫,让他心烦意乱。佛家不能杀生,小和尚就想找个办法将苍蝇赶出去。他用宽大的袖子扑苍蝇,没想到苍蝇动作灵活,总是能躲开小和尚。小和尚看着飞得轻松自在的苍蝇,突然停止了动作。

晚上,当方丈派人查看小和尚的动静时,小和尚已经吃了饭,安安静静地在囚室里诵经,一连几天都是如此。方丈叫来小和尚问:"你参悟了什么?"小和尚说:"徒弟看到一只苍蝇飞在囚室,才发现囚室并不小,从前徒弟觉得小,是因为心中有杂念——心安方是自在,徒弟领悟了。"方丈连连点头。

因为小和尚的悟性,方丈提前结束了对他的禁闭。

常言道,心有多大,世界就有多大。当小和尚为方丈的责罚心生烦恼时,能够容身的囚室成了牢房,当他看到苍蝇在斗室中飞的自由自在时,突然领悟了"心安方是自在"。再看狭小的房间,也就成了广阔的天地。方丈称赞小和尚,正是对这种"无事萦怀"境界的肯定。

现代人习惯给自己"画地为牢",为了规范自己的生活,达到自己的目标,人们总是给自己定下满满当当的计划，规定一条又一条的行事标准，循规蹈矩。又在被各种负担压得喘不过气来之后，抱怨自己有太多的事要做，太多的东西要遵守——其实，并不是有人、有事困住了他们，是他们困住了自己。很多烦恼都是自己想得太多，就像小和尚，只要敲好木鱼，念好经，心中无事就是最好的生活状态，何必管师父的责骂，身上的责罚？

心中无事，并不是说缺乏责任感，而是懂得注重主干、删减枝节的一种智慧，做好自己的事，不强求他人，也不强求一定要做到某个程度，这样的人往往拥有强大的心灵。心中无事更不是没有追求，因为精神上的追求才是最高的追求——不要自寻烦恼，方为智慧，心安心静，方为幸福。

让思想有时间停下来，让灵魂可以自省

人不可我意，自是我无量；我不可人意，自是我无能，时时自反，才德无不进之理。

曾参，世称曾子，是儒家大学者，也是孔子喜爱的学生之一，所著《大学》《孝经》都是中国有名的典籍。曾子说过这样一句话："吾日三省吾身——为人谋而不忠乎？与朋友交而不信乎？传不习乎？"

这句话的意思是，曾子每天都要反省自己三件事：为他人出谋划策，有没有忠诚于那个人？与朋友交往，有没有做违背信用的事？师长教授的知识，有没有

用心温习？

　　靠着这个习惯，曾子成为儒家学派的传人，他的智慧启迪了一代又一代的中国人。

　　"吾日三省吾身"是《论语》中的句子，我们每个人都曾学到，有人说："每日都反省是圣人才做的事，俗人不必自寻烦恼，规规矩矩过日子就好。"但是，数千年前曾子说这句话的时候，他也只是孔子门下的一个普通学生，没有人知道他会成为一个圣人。他的成就，来自于他的自省意识和对自己的严格要求，他要求自己尽心尽力为他人做事，要坦坦荡荡与朋友交往，要勤勤恳恳学习知识，这就是圣人的秘诀。

　　现代社会，人们的思想越来越功利，"反省"也成了一种不受欢迎的行为，做错事的人会敷衍地说上一句"哦，做错了，真没办法"，而不会分析自己做错事的原因，真正深刻地检讨自己，他们认为时间很紧，与其反省，不如继续做事，反省有什么用呢？

　　不懂得反省的人，都是不能静心的人，他们凭着一种意念或一个目标去做一件事，却并不清楚自己做了什么，对自己、对他人有没有不良影响，他们信心十足，不相信自己会做错，只相信别人的判断有问题。这样的人不但做不到"吾日三省吾身"，甚至做不到"一年反省一次"。人们都不想承认自己的过失，很少有人把反省当作一种能力。其实，反省是一个学习和摸索的过程，懂得反省的人才能够认识错误，扬长避短，努力改正错误。

　　一对恩爱夫妻生活在一个山村，他们日出而作，日落而息，每天早晨丈夫带着妻子头天晚上做好的饭去田里种地，妻子在家里织布、做饭、收拾房子，日子平凡而幸福。

　　有一天晚上，丈夫高兴地冲进屋子，对妻子说："我们发财了！我们发财了！"说着，他从衣服里拿出几个刻着彩色花纹的古董盘子。丈夫说："我在锄地的时候挖到了这些东西,这一定是什么人偷偷埋在地里的。"

"那么,我们快把它们卖掉吧。"妻子说。

"不行,有可能这些东西是官府正在追缴的赃物。"

"那么,我们先把它们收起来吧。"妻子说。

"等等,我要仔细看看它们,它们一定值很多很多钱!"丈夫爱不释手地捧着盘子,琢磨了一个晚上,第二天,他躺在床上呼呼大睡,妻子催促他去干活,他说:"我们就要发大财了,为什么要干活?"第二天、第三天、第四天……终于有一天,妻子忍无可忍,将盘子扔进了村口的河里顺水冲走,她对丈夫说:"别再做梦了!赶快反省一下你都做了什么!明天照旧去地里干活!"

故事中的这位妻子,是一个成长中的智者。第一天,她看到丈夫得到古董盘子,想到自己家里将有一大笔收入,感到非常高兴。和那个沉溺在幻想中,非要出了大事才开始明白事情严重性的丈夫不同,没过几天,妻子就明白了自己和丈夫的问题——丈夫固然依赖着幻想耽误了生活,自己何尝没有纵容的意思?所以,妻子首先反省了自己的缺点,并将盘子扔掉,然后严厉斥责了丈夫,让丈夫也从迷思中清醒过来。

错误出现后不进行反省,是每个人都曾经历过的误区。人们都说"吃一堑,长一智",有反省习惯的人智慧并不比别人多,吃的亏却比谁都少,他们常常问自己:"我在做什么","我做得对不对","我这样做对我的未来会有什么影响"?事前做好准备,比事后忙着补救要省力得多,也要轻松得多。

参加过高考的人都知道,当答题时间过了一半,最好停止手上的笔,检查一下前面的答案,一来可以让脑子暂时得到休息,二来可以发现自己的错误,及时改正。而那些一路憋足劲做到最后一题的人,往往失去了检查的时间,被扣掉更多的分数,成绩反不及前者。可见,自省并不是思维的滞后,只是暂时的调整——当灵魂疲惫的时候,不妨给自己一点反省的时间,同时,也给了未来更大的进步空间。

人生中有些东西需要懂得放弃和放下

一念放下，万般自在。

一个年轻人觉得生活很沉重，他问一个智者：生活为何如此沉重？

智者听罢，随即给他一个篓子，让他背在肩上并指着前面一条路说："你每走一步就捡一块石头将他放进去，最后体会会有什么感觉。"

年轻人就背上篓子，一路不停地拾拣，走到路头，他就回过头来对智者说："越来越沉重了！"

智者说："这也就是你为什么感觉生活越来越沉重的原因。每个人来到这个世界上，都会背着一个空篓子，然而我们每走一步都要从这世界上捡一样东西放进去，所以才有了越来越累的感觉。"

舍不得放下的人，总觉得生活太过沉重。他们给自己背了一个篓子，看到什么都要捡来装进去，等到肩膀太累，提出抗议，他们才恋恋不舍地挑拣出一些东西扔掉，没过多久，篓子又被其他东西填满，他们仍然觉得累。他们把所有的力气用来背肩膀上的篓子，所有的目光用来看该捡什么样的东西，根本没有精力看看路旁的风景以及更远地方的宝物。就像一只蜗牛，背着重重的壳，在别人都忙着冲刺的时候，慢慢地前进，以为自己背着整个世界，其实早已落在了世界后面。

人生中有很多东西,不能适时放弃就会变成负担。不能放下虚名的人,整天都要活在他人的眼光中,让自己像上了发条的机器一样忙碌;不能放下过去的人,整天怀念着过去的幸福,哀叹着现实的不如意,每一天都过得没有滋味;不能放下贪欲的人,整天都被不满足折磨,想要攫取更多的利益,让灵魂疲惫不堪……法国作家巴尔扎克说:"在人生的大风浪中,我们常常学船长的样子,在狂风暴雨之下把笨重的货物扔掉,以减轻船的重量。"

从前有一个富翁,他继承了许多金银珠宝,却觉得不快乐,于是,他背起珠宝环游世界,想要寻找快乐。他走过很多国家,看到了很多美丽的景色,体会了不同的风土人情,可是,他总是觉得自己气喘吁吁,心情郁闷,还是和以前一样不快乐。

这一天,他走到了一个小山村,坐在路旁的凉亭里休息,这时太阳正在西沉,一个农夫背着一大捆柴草,一边哼着歌一边走下山,看上去快乐无比。富翁羡慕地问农夫:"我是个大富翁,我有很多财宝,为什么我不能像你一样快乐呢?"

农夫笑着说:"我之所以快乐,是因为我想到很快就能回到家,放下这捆柴草,其实,放下就是快乐!"

富翁茅塞顿开,他想到自己背着财宝,整天担心被人抢走,被人迫害,哪里还看得到风景?感受得到快乐?于是他很快回到家乡,将自己的财宝用来接济有困难的人,做了很多善事,每当有人对他露出感激的笑容,他便感到由衷的快乐。

真正的财富,不应该是痛苦和负担,而应该是一些能让自己和他人生活得更好的东西,就像富翁的珠宝,如果把它挑在肩上,它就会成为一件沉重的行李,让四处旅行的富翁觉得走路时喘不过气,妨碍他游玩的心情。如果用它帮助有困难的人,它就能发挥真正的价值,也让富翁感到心满意足。真正的财富,正是这种心灵上的充实和快活。

一位外国教授做过一个实验,他让教室里的每个同学端着一杯清水,刚开始,大家觉得很轻松,10分钟过去,有人开始不耐烦。20分钟过去,有人手腕发酸。半小时过去,大家纷纷表示:"老师!手要断了!端不动了!"看似没有重量的一杯水,时间久了,也会让人身心劳累,而且,用这么久的时间端着一杯水,也是一种浪费。心灵上的负担也是如此,看上去只有那么一点点,经年累月地压着,也成了大患。这个时候,及时舍弃,及时放下,才能让灵魂得到休息,容纳更重要的东西。

中国古老的哲学提倡自由自在的人生境界,希望人们摆脱物欲的羁绊,放下那些干扰心灵平静的负担。仔细想想,花开就有花落,人生中又有什么是放不下的?所以在中国历史上,最聪明的大臣懂得功成身退,最智慧的才子往往看淡名利,就像最悦耳的乐曲,总在高潮过后戛然而止,留下悠远的余音供人回味。

在行动以前,先让心灵找到方向

世界会向那些有远见的人让路。

有三个生灵即将投胎,天使对他们说:"我将借给你们每人一笔巨款,你们必须要在60年内还清。"三个人带着天使的巨款来到人间。

第一个人认为人生应该先享受,在生命的前30年,他整天挥霍无度;后30年,他拼命工作,每天累得筋疲力尽,直到他在60岁死去的时候,还是没还完天使的钱。

第二个人从进入社会开始就拼命赚钱,等他到了60岁,赚的钱早就超过了该还的数额,但他还在拼命工作,直到累死。

第三个人用了20年的时间努力成长、努力学习,又用了30年时间拼命工作,终于还完了天使的巨款。剩下10年,他拿起摄影机走向世界各地,拍摄了很多精美的照片,成了一位成功的老年摄影家。

天使给予的巨款,其实就是我们的生命。每个人在懂事后,都会有一个还款计划。有人认为人生该享受,他们把享受放在前面,但享受的同时没有付出和努力,享受也就成了对生命的挥霍,所以,这些人越活越累,直到去世,还背负着沉重的债务;有人认为人生就该不断地进取和努力,他们无视生命的乐趣,成了工作狂,直到累死也不明白真正的快乐;还有些人认为生命一半是付出,一半是享受,享受应该留在努力之后,这样的人往往拥有丰富而成功的人生。

对我们来说,做第一类人最容易,可以在拥有青春的时候尽情享乐,今朝有酒今朝醉,不管今后如何;做第二类人也不难,只要认定一个目标,像齿轮一样一直转动,直到累得再也动不了;第三类人却有些难度,因为人们往往把握不好人生的尺度——什么时候该奋斗?什么时候该享受?究竟奋斗多一些,还是享受多一些?

其实,这个尺度把握起来并不难,只需要一个简单的认识:在行动之前,先让心灵找到方向,不要一味地为他人奉献,也不要只顾自己的享受,既要满足自己的理想和需求,也要适当满足别人的期望,然后就能够顺其自然,顺势而为,找到自己的价值。

唐朝时,有个年轻人去拜访德高望重的郭子仪,郭子仪已有八十高龄,对这位劳苦功高、再造唐朝社稷的老人,年轻人表示衷心的钦佩,他问:"您有这样的成就,却能看淡名利,看透人生,我要怎么做,才能达到您的境界?"郭子仪说:"你去山里隐居三年,不要出门一步,也许就能明白人生的道理。"

年轻人心切,真的找了个深山寺庙隐居起来。第一年,他焦躁不安,想着别人都在忙着建功立业,只有自己在一座古庙里虚度光阴,真是寝食难安;第二年,他开始静下心来钻研书本,研究世间的学问;第三年,年轻人经常在山间静坐,思考着人生的哲理。

三年很快过去,年轻人又去拜访郭子仪,郭子仪问:"现在你想做什么?"年轻人说:"我已经明白了自己心里想要什么,所以,不论做什么都可以。"

郭子仪捻须而笑,他明白此后年轻人不论经历什么,都能得到内心的安乐。

三年的时间,有悟性的年轻人在山林里得到了答案,当他静下心来钻研书本,研究学问,思考哲理时,岁月静静地走过他身边,他不会觉得时间太快或太慢,他用充实的行动,让逝去的时间有了价值,他领悟到自然而然的生活才是最舒适的生活。无论今后进入朝廷,还是上了战场,他也能够靠着这份从容的心态,认同自己,肯定生活,所以年轻人说:"明白了自己心里想要什么,不论做什么都可以。"

一个人会在行动上迷失,是因为他的心灵走上了错误的方向,就像一个人内心被贪欲占满,他就会为了攫取金钱而不择手段。相反,当一个人想要堂堂正正地生活,他自然会廉洁奉公,不取不义之财,心灵是行动的指示牌,只有心灵在正确的方向,行动才能更少出现偏差,即使有了错误,也能在心灵的提醒下及时改正。

常言说,"物随心动",我们的所有行动都取决于心中的一个念头,当它只是一种思想,我们能够控制,也能够避免出现错误,一旦落实在现实中,错误的行为就会给自己、给他人带来损害。在行动之前,先让心灵找对方向,不仅是对他人负责,也是对自己的一种无微不至的呵护。

爱我所爱,幸福在于相信

获致幸福的不二法门是珍视你所拥有的、遗忘你所没有的。

天堂里,几个天使正在讨论人间刚刚发生的一件事。就在这一天的下午,一个砍柴的樵夫在山里发现一个古旧完整的陶土罐,樵夫看这罐子古色古香,就抱着试试看的态度敲开一位艺术家的门,艺术家看到罐子两眼发亮,出大价钱买下了陶土罐。

樵夫喜滋滋地回到家,对妻子说:"现在我们不用担心今年的生计了,不过,那个艺术家可真蠢,竟然花这么大笔钱买一个不能装多少东西的罐子!"同一时刻,艺术家也在和自己的妻子说话,他对妻子说:"看着这个罐子真是太幸福了!那个樵夫真蠢,竟然卖掉这么完美的艺术品!"

一些天使认为,樵夫得到了能够维持生活的钱财,无疑是幸福的;另一些天使认为,艺术家得到了精神上的享受,无疑更加幸福。正当双方吵得不可开交时,有一位年长的天使徐徐说道:"得到自己所爱的,就是幸福——人与人的幸福都是相似的东西。"

人与人的追求不同,萝卜白菜各有所爱。樵夫理解不了为一个陶土罐掏出大价钱的艺术家,艺术家也不理解卖掉艺术品的樵夫,但他们都得到了自己最需要的东西,觉得无比满足。正如年长的天使所说,人与人的幸福都是相似的。

每个人喜爱的东西都不同,有人喜欢绿叶,有人喜欢红花,这本是最自然不过的事,可是,在现实生活中,喜欢红花的人会嘲笑喜欢绿叶的,喜欢绿叶的会贬低赞美红花的——见解不同,人们互相产生偏见,甚至由此产生争执。

争执最大的坏处就是,喜欢绿叶的人开始觉得红花好,有红花的开始追求绿叶,由嘲笑别人的幸福变为质疑自己的幸福,人们开始不开心。事实上,幸福感只来自自己的心灵,幸福不在于得到的多少,他人的评价,只有自己觉得好,才能称为美满。

房丹是一位家境富裕的大小姐,也是父母师长眼中的乖乖女,还没毕业的时候,家里就为她在本市的银行安排了一份轻松的工作,同班的同学都很羡慕她,却不知道她也有她的毕业烦恼。

房丹从大三开始就和同校的张超谈恋爱,面临毕业,每对情侣都要考虑"毕业要不要说分手",房丹和张超感情虽好,但房丹父母认为张超能力一般,家境不好,不同意他们继续恋爱。房丹思来想去,还是放不下自己的爱情,于是,她放弃了父母安排的工作,和张超一起去了外市。

转眼过了三年,在一次同学会上,房丹虽没有出席,却成了同学们的话题,和房丹有联系的同学说,房丹和张超结婚了,但他们的工作都不理想,日子过得紧巴巴的。

又过了三年,又一次同学会,房丹带着张超一起出席,让同学们吃惊的是,他们看起来自信又富态,经过询问,才知道他们已经注册了自己的公司,日子越过越好。房丹说,不论是穷日子还是富日子,她一直不后悔自己的选择,始终觉得幸福。

一个三年,富家小姐变成了过节俭日子的家庭主妇;又一个三年,家庭主妇变成了成功的老板娘。房丹坚信自己选择了最好的一条路,也许在众人看来,她受了很多磨难,但在她心中,始终有无可比拟的幸福感,她相信自己,相信爱情,相信自己的丈夫——既相信自己的判断,也相信别人的诚意,这是幸福的人共同的特征。

幸福的感觉不是因为得到得多,而在于一颗愿意相信幸福的心,当一个人相信自己得到了最好的东西,他就是幸福的,而幸福的信念可以改变很多东西,包括对事对物的态度,可以使一个人从消极变得积极,从懒散变得努力,就像故事中的张超,最初是房丹父母眼中"能力一般"的人,最后注册了自己的公司,这就是幸福的作用力。

所有人都在寻觅幸福,幸福很简单,它就是内心的满足,就像那句风靡网络的句子——"幸福就是猫吃鱼,狗吃肉,奥特曼打小怪兽"。

守株待兔有时是一种智慧

抓住事物的根本,愚蠢和智慧只有一步之遥。

守株待兔是一个流传了几千年的故事:一个农夫在树桩旁休息,有只野兔突然跑了过来,一头撞在树桩上死了。农夫把兔子拎回家,和家人美餐一顿。第二天,农夫不再种田,只坐在树桩旁等待兔子的到来,一连等了很多天,连兔子的影子都没等到,农夫差点饿死在树桩旁。

这个故事还有另一个版本:农夫一连等了几天,都没看到兔子的影子,他开始思考如何才能让兔子再撞到树桩上,经过深思熟虑,他在树桩边结网,撒上兔子爱吃的草料,此后,农夫天天都在树桩旁等待,他捕获了很多兔子,并把这些兔子圈养起来,成了养兔专业户。农夫说:"谁说守株待兔不是一种智慧?"

千百年来,人们都在嘲笑农夫的愚蠢,他竟然为偶然的幸运放弃自己的主业,难怪要饿死在树桩旁。事实上,守株待兔的故事并不是那么简单,农夫从兔子触桩而死的事实中,看到了机遇,他的想法也不过是所有劳累农夫的想法:想找一个方法不再生活得那么累。可惜,版本1中的农夫并没有找到最好的方法继续他的幸运。版本2中的农夫不同,他思考了兔子触桩的原因,并积极行动,耐心地在树桩旁捕获了更多的兔子——同样是等待,前者是浪费时间,后者却是运用智慧得到收获。

等待并不是无用功。等待的同时,有人会开动脑筋,思考局势,肯静下心思考,往往能化劣势为优势,变被动为主动,将逆境变为顺境,守株待兔的人,看到了机遇,能不能继续等到兔子,要靠自己的头脑,所以,守株待兔可以是一种智慧,头脑结合耐心,正是成功的法则。

北美有一种棕熊,它们是捕鱼高手,和别的动物不同,它们会在鲑鱼繁衍的时候守在河口。那时候,鲑鱼们会逆流寻找食物,当鲑鱼们被逆向的水流冲击得跳起来,棕熊就伸出爪子,很轻松地捞到肥美的食物。只要有耐心,它们可以在一天内收获整个冬天的储备粮。

《孙子兵法》有一招叫做以逸待劳,意思是在战争前做好充分准备,等待劳累的敌人前来袭击,很容易就能获胜。它的延伸意义是说胸有成竹的人能够充分计划,预知事情的结局,因此可以悠闲地行动,就像等在河口的棕熊,轻而易举地抓到平日难以抓到的鲑鱼。

等待需要智慧,有些人害怕等待,他们总是说"时不我待",害怕一停下来就错过什么,但成功除了好的机会,还需要耐心——等待正代表耐心,等待的同时,也避免了粗心大意,避免了忙中疏漏。在等待中,人们往往能得到更多的贤源,产生更好的想法。有时候,等待也代表了忍耐,是对一个人意志的极大考验,能不能长时间地坚持一件事,同样是一种等待,多数人做着做着,失去了耐心,只有那些坚定者才能走到最后。

关于等待,垂钓的人最有经验,同样的钓鱼池,有些人看到线动,就迫不及待地往回收,有时鱼儿会挣脱钩子逃跑。收获最多的一定是那个最耐得住性子的人,他们确定了目标,用比别人更长的时间等待最大的鱼吞下诱饵。

成功需要耐心,不妨试一下守株待兔,也许会有不一样的发现。

错过了朝阳,就别再错过星空

春有草夏有花,秋有落叶冬有白雪,路过的风景都是美的。

人生最失意的事莫过于错过,因为遗憾,人们会过度美化错过的事物,赋予它们诸多想象,所以,错过的风景是最美的,错过的人是最好的,错过的选择最让人留恋。当一个人长久地沉浸在错过的情绪中,就会消沉阴郁,委靡不振,当他们消沉的时候,又会错过更多的东西,等他们清醒后,又要再一次后悔。所以老牧人才提醒说:"不要再错过一次机会。"

泰戈尔说:"当你为错过朝阳流泪时,那你也要错过星空了。"错过能引起连锁反应,错过一件事,正在懊恼,又错过了第二件事,人生就成了不停懊恼的过程。与其为逝去的事物伤心,不如擦擦眼睛,看看眼前的美景。朝阳固然朝气蓬勃，星空也有深沉壮阔的气象，既然不能两全，至少要把握其中的一个。

一个38岁的男人去参加同学会，他发现曾经的小学同学如今都有了体面的身份，辉煌的事业。比起那些高级主管、公司老板，始终当一个小职员的自己实在乏善可陈。

回到家，男人开始检讨自己，他认为自己最大的毛病就是优柔寡断，大学毕业时，自己明明有保送研究生的机会，却碍于同学情面没有去争取。在工作中，每到下决定的时候，自己总是缩手缩脚，害怕出现闪失。就连恋爱，也因为在两个追求者中间游移不定，失去了好机会。

"我已经这么大年纪了，一无所有，我还有什么可怕的？"男人一边喝酒一边对自己说。第二天，他辞退了工作，用历年的积蓄开了一家饭店。男人把所有精力用在饭店的经营上，他高价聘请最好的厨师，硬着头皮请同学朋友帮忙招揽顾客，不断钻研其他饭店的菜谱……一年后，他的饭店终于走上正轨。几年后，他的店面扩大了几倍，还开了一家分店，他对别人说："一个人不会一辈子碌碌无为，当他不想再错过时，他就会比任何人都努力。"

一个活到38岁仍旧一事无成的男人，通过自己的努力达到成功，这个故事在励志的同时，又让我们感到心酸——有这样的能力、这样的头脑，如果早一点开始打拼，38岁时，他怎么可能会是那个在同学会后喝闷酒的人？好在男人觉悟了，他不想再浪费时间、错过机会，他开始背水一战。每个人都拥有无限的潜力，有的人会激发它，有些人一辈子不会察觉它，男人是个幸运者，他改掉了优柔寡断的习惯，成了一位决策者，一个人生赢家。

有时我们难免会检讨自己的人生，发现很多错过能够避免，很多错误不该发生，然后感到沮丧。错过之后才检讨自己是无奈，也是一个了解自己的机会，就像故事中的男子，如果他没有意识到自己错过的事，很可能混吃等死，庸庸碌碌地过一辈子，当他看到同学会上成功的同学们，才知道自己一事无成，才肯寻找自己的缺点，努力去改正，积极地为未来打算并付诸行动——觉悟得晚，好过始终不曾觉悟。

"错过"给我们更深层的启示是：如何不再错过？摆脱过去的方法只有把握现在，努力地活在当下，才能摆脱阴影，摆脱"错过状态"的恶性循环，使人生走上新的轨道。摆脱过去并不困难，只需要一个转身，不再注视那些属于过去的虚幻，你就能看到真实的生活，还有美好的未来。

换个思维，你的收获并不少

把目光放远，收获的定义比人们想的要宽泛。

一位高僧染了重病，即将离世，他想要从七位弟子中选出一位方丈，继承自己的衣钵。他对七个徒弟说："你们现在就去对面的山上砍柴，谁砍得好，我就选谁做这个寺院下一任的方丈。"

弟子们拿着柴刀出了寺门，却发现外面正在下大雨，到对面山上必须经过一条大河，河水正在暴涨，附近找不到一条船。最后，弟子们垂头丧气地回到庙里。高僧平静地看着这些弟子，这时，最小的弟子慧悟在衣襟里掏出几个熟透的果子，对师父说："雨太大了，去不了对面山上，我看岸边果树上的果子不错，摘了几个给师父吃。"

高僧点点头："收获是福，难为你小小年龄懂得这个道理，从今天起，你是这个寺院的方丈。"

什么样的人是高僧眼中的接班人?是完全遵照师长指示、辛辛苦苦寻找道路过河的人?还是不强求,懂得惜福的人?佛家讲究缘法和自然,后者自然成了高僧欣赏的对象。小和尚小小年纪,并没有受过特别的点化,只因心中没有杂念,看到果子,想要重病的师父吃上几个,这个举动和高僧的吩咐全然无关,却成了他成为方丈的原因。

故事中的老和尚也同样有收获,通过测验,他找到了新的方丈,卸下了自己的重担,能够安详地度过最后的时光,老和尚的收获并不比小和尚少。其他和尚呢?虽然没有当上方丈,焉知他们没有成就?他们没有方丈的琐事,能够安心诵经礼佛,比起小和尚,他们更容易成为一代高僧,只要换个思维,哪一种收获都是收获,哪一种收获都不少。

《后汉书》中有这样一句话:"失之东隅,收之桑榆。"说的是在一方面失败,却在另一方面有了成就。收获本身就是一种幸福,当我们面对失去时,不妨静下心来想想,我们是不是也得到了什么?每一次失败都是一次成功的机会,蕴含了一种新的可能,只有惜福的人,才能领会它,珍惜它,就像故事里摘果子的小和尚。只有他,能够把一次失败的尝试变成甘甜的果子,这就是惜福的力量。

福建寿山石、浙江青田石、浙江昌化石、内蒙古巴林石被誉为中国四大印章石。很多篆刻家都希望得到优质的原石做印章的材料,一个偶然的机会,两个盗贼溜进了一个原石库,里边有各种各样昂贵的原石,看到满仓库的原石,二人欣喜若狂。

一个人将尽可能多的原石放进自己后背的竹筐里,另一个挑挑拣拣,选了他认为最漂亮的一块,前一个人忍不住嘲笑他智商不够,竟然只拿一块。两个人刚走出宝库,就被醒来的守卫发现,他们飞快逃跑,背了石头的人发现自己肩膀上的东西太重,根本跑不快,只好一块接一块扔掉石头,等到二人成功逃离了追捕,他发现自己和同伴一样,手里只剩下一块原石,这时同伴笑着说:"与其挑花眼,不如拿最好的一块,这个道理你竟然不懂。"

面对琳琅满目的诱惑时,人们唯恐自己得到的太少,故事中背了竹筐的盗贼就是如此,当他尽力将原石装满竹筐,就是在满足自己获取的欲望。而另一个盗贼不同,他知道质比量重要,仔细挑选最精美的石头,远胜于拿走一堆仓促选择的原料。故事的结果很有讽刺意味:拿得多的人不如拿得少的人,却付出了更多的劳动。对待收获就是如此,与其挑花眼,不如握紧手中最好的。

每个人收获的东西都不少,不同的是对待收获的态度。有些人取得了梦寐以求的东西,却很快厌倦,想要得到更好的。有些人认为自己拥有的就是最好的,他们不介意更多的收获,也不会对已有的收获心生不满,后者的幸福指数无疑要比前者高上数倍。

不懂得惜福的人,像一个漏了底的杯子,总是填不满,体会不到生命的充盈感。惜福的人,像一个水池,慢慢地汇聚,水少的时候,他们满意自己的清澈见底,水多的时候,他们满意自己能够滋养水草和鱼类。当同样的水流注入,前者什么都留不下,后者却能得到最丰厚的人生体验。

旅途上，播洒灵魂的芳香

埋在地下的树根使树枝产生果实，却并不要求什么报酬。

冬天是个威严的老人，有一次，他严厉地批评春天说："你为什么这样轻佻？这样花枝招展，你一出现，人们就不再安分地待在家里，也不怕遇到外面的危险。我就不一样，有我在的日子，人们窝在温暖的炉火旁，不去想外面的事情，老老实实地不敢做出格的事。"

春天说："就是因为这样，人们才会说：'冬天来了，春天还会远吗？'人们都希望你赶快离去，我尽快回来，你的威严并不能得到人们的赞美，我的温暖却让所有人都喜欢。"

如果在人群中做一个调查，询问人们想要成为冬天还是春天，相信多数人都会选择春天。春天意味着生命，意味着温暖，意味着希望，能够让所有人都喜欢。冬天像一位威严的、缓慢走来的老者，带着不可侵犯的气势，让人不敢抬头，春天却像一个散发着芬芳的姑娘，让人忍不住再三流连。

人生是漫长的旅程，在旅途中，有人低头赶路，对身边的人视而不见，有人却知道人们需要互相扶持，他们会关心有困难的人，在别人需要帮助的时候，他们总会伸出自己的手。他们的友善影响了周围的人，使人们不再冷漠，人们的眼神因此变得友善，路途中，也就多了更多美好回忆。

在生活中，我们喜欢善良的人，不愿接近自私的人。善良的人有一种温和的气质，能够让人信任，让人安心，和他们在一起，不必事事小心，还能得到不少启迪。自私的人给人的感觉刚好相反，在他们身边，总觉得心里发凉，即使自己付出再多，他们也视为理所当然，让人疲倦不已。

一位记者要拍一些深山照片作为素材，他来到了一座没有名气的大山里，山上有座寺庙，僧侣们还遵循着一种古朴的生活，每天都要从山顶的寺庙去山腰的小溪打水，据说，这是寺里规定的功课。

记者跟着一个挑水的和尚上山，他发现，和尚挑水的水桶底部似乎有个小洞，溪水一滴一滴地滴落，到了山顶，每个桶里只剩下半桶水。记者提醒说："这位师父，你的桶坏了，赶快修一修吧。"

和尚却笑着说："这是我们寺院的习惯，每天每人有半桶水就够喝了，其他的，可以滋养路上的花花草草，你看，它们长得多茂盛。"记者回过头，果然，他们走过的道路上，绿草如茵，鲜花怒放。

在和尚们心中，挑水并不只是要给自己解渴，还要滋润沿途的花草，让它们也得到生存的机会，这是一种善良，更是一种大爱的胸怀。反观我们自身，当我们期望别人善良时，却不一定用善良要求自己。我们经常收获他人的善意，却忘记了给予。当一个人过分习惯索取，从不付出时，他会变得以自我为中心，认为全世界的人都该围着他转，为他服务。当发现事实并不如此，没有人愿意当他的永久义工，他又会极度气愤，认为全世界的人都和他作对——这样的人，这样的人生，让人只能远远地看热闹，丝毫不想参与。

泰戈尔说："人们更需要的是给予，不是接受；因为爱是一个流浪者，他能使他的花朵在道旁的泥土里蓬勃焕发，却不容易叫它们在会客室中的水晶瓶里尽情开放。"善良就是愿意给予，那些愿意经常给予的人，总会得到喜爱和尊重，他们很容易被他人接纳，被社会接纳，因为谁也不能拒绝温暖的阳光。

做一个善良的人，就是选择了高质量的人生，每一次对他人的帮助，有时候只是举手之劳，却会像一颗花种撒进别人的心田，让那个人的心灵充满花香，也让给予者察觉到自己的价值。有了这样的精神寄托，即使旅程漫长孤寂，我们也不会害怕，因为相信前方有同路的人，因为相信心中有不息的火光。

第二辑

只有生活的艺术家,才能随时随处品尝幸福

　　海德格尔说:"人应该诗意地栖居在大地上。"当高速度的生活让我们劳累,高强度的工作让我们疲惫,不要忘记经常给身体和心灵放个假。每个人都应该是一位艺术家,懂得亲近自然,欣赏美好,关爱生命,让生活变得更加精致,更加惬意。

风景就在你的后花园

一个人真正觉悟的一刻,是他放弃追寻外在世界的财富,开始追寻他内心的真正财富。

有一天,小羊问妈妈:"妈妈,幸福究竟在哪里?"

羊妈妈回答:"孩子,幸福就在你的尾巴上。"

小羊听了妈妈的话,扭着身想要抓住自己的尾巴,可是它的身子太胖,尾巴太短,它在原地一圈圈地转,转得头昏脑涨,还是碰不到尾巴,最后,它急得哇哇大哭。

一旁的羊妈妈慈爱地说:"傻孩子,不要这么着急,幸福不是一直跟在你身后吗?"

"幸福究竟在哪里",每个人都问过这个问题。羊妈妈给出了一个哲理性的回答:"幸福一直跟在身后。"小羊只要一直向前走,幸福就会跟着它。可见,幸福既来自于自己的内心,也来自于外界的环境,如果小羊身后没有一个慈爱的羊妈妈,它怎么会懂得幸福是什么。

余秋雨先生在一篇文章中曾说,随着年岁的增长,越来越觉得人并不是为自己活着,而是为身边的人活着,可旧日的同学朋友却越来越远。有时候走在大街上,总希望身后有个人伸出手捶自己一下,然后说:"吓一跳吧!好久不见了!"但每次上街,都遇不到这样的人,总会有些惆怅。年轻的时候,觉得幸福在前方,必须努力冲刺才能得到,年老的人却知道,只有来自身后的幸福才是实实在在的。我们喜欢向前看,喜欢左右观望,却不会想想身后有多少被自己错过的东西。

身后究竟有什么?一个旅行家曾经说过这样一件事:"我是个环游世界的旅行家,我去过无数的国家,无数的城市,我曾在无数个旅馆居住。现在我老了,才发现最好的旅馆,也比不上一个简陋的家。年轻时候我娶过一个贤惠的女人,有个温暖的家,可是为了事业,我把它扔在身后,现在,我后悔当时的决定,一个人没有家,他永远只是一个流浪者,如果让我再年轻一次,我首先要看的不是眼前的风景,而是身后的家。"——不管眼前的景色多么丰富多彩,也比不上身后作为精神依托的家园,身后的景色,才是我们最容易忽略却最应该重视的。

达丰物流是江浙地带数一数二的货运公司,老板罗成最近却因过度劳累住进了医院,在病床上,他坚持翻阅文件,他的三个秘书每天都要夹着公文包到病房前排队,轮番向他汇报公司的情况。罗成每天都要问主治医师十几次:"我什么时候可以出院?"主治医师无奈地说:"住院是为了休息,如果我现在让你出院,很快你又会进来。不如这样吧,我有一个退休的同事,是个有趣的人,我请他来看看你的病吧。"

第二天,罗成正在和秘书谈论公事,主治医师带来一个神采奕奕的老人。罗成"结束办公",对老人说:"不好意思,我实在太忙了。没办法,公司上上下下的事都要我打点。"老人说:"既然公司上上下下的事都要你打点,让你连休息的时间都没有,雇那么多员工做什么?"罗成哑口无言。

老人继续说:"你这样成功的商人,家里的房子一定很大吧?"

"我的房子是一栋独立的别墅,二层,还有一个很大的后花园。"

"你的后花园种了什么?"

"我每天半夜才回家,不知道后花园有什么。"

"如果你能保证,从今天开始,每天按时回家,在后花园待上一个钟头,不想工作的事,你现在就可以出院,否则,你就一直在病房里休息吧。"

成功的商人为了事业忘记休息,这种例子在现实生活屡见不鲜,老医生开出了一个奇怪的药方:"每天在后花园待上一个钟头。"商人未必能领会其中的深意,只有按照医生的吩咐,暂时忘记繁重工作,真正坐到后花园静下心,看看花园里的植物和风景,才能领会老医生的良苦用心——生活中有很多未被发现的美,就藏在被人们忽视的角落。

医生想对罗成说的是,生活的意义不应该只是得到财富,物质生活必须得到保证,但一个人精力有限、时间有限,一旦他过分地追求物质,精神世界就会变得贫瘠,长时间缺少精神享受,会导致身体的劳累,人们常说"积劳成疾",并不仅仅指身体垮了,还有精神的长期紧张所导致的心理疾病。一个真正的人,不应该只注重自己的事业,还应该关注自己的精神世界。

想要让自己的心灵得到休息,不一定要抽出特定的时间,跑到山里海边,日常生活中就能做到。就像罗成,他有一个很不错的花园,只要他愿意坐下来,就能看到各种各样繁盛的花草,树木因季节变为不同的颜色,清风吹来草木清新的香气,这些都能抚慰疲劳的神经,舒缓紧绷的大脑,让一个人的心情变得富有诗意,暂时忘记烦恼,所谓"偷得浮生半日闲"。

与其在病房里休息,不如在后花园修身养性,给自己一个放松的时间,看看周遭的景致,让眼睛和心情一起放松下来,才能以更加饱满的精神迎接每天的挑战。

转换角色，别把工作带回家

在恰当的时间做恰当的事，事半功倍。

妻子面色严肃地坐在丈夫面前，旁边坐着面色同样严肃的儿子，丈夫放下手中的文件问："你们怎么了？"妻子说："老公，我们想提醒你一件事，这是我们的家，不是你的办公室，可以收起你的公文包吗？你已经半个月没有和我好好说几句话了。"儿子板着脸说："爸爸，你已经一个月没有陪我出去散步，有三周没教我做功课了！"

丈夫疑惑地说："我努力工作是为你们生活得更好，你们难道不明白吗？好了，我还要加班，你们去看电视玩电脑吧。"

第二天，丈夫回到家，惊奇地发现做幼师的妻子正在给幼儿园编一首儿歌，不论怎么跟妻子说话，妻子只是哼着儿歌的旋律，儿子呢，从进入家门就捧着一本习题集，一分钟不停地演算，这种情形一直持续到睡觉时间。丈夫举起双手说："我明白了！我再也不把工作带回来，拜托你们赶快恢复正常吧！"

一家之主是工作狂，聪明的妻子和可爱的儿子只好想出对策延长他的休息时间。故事里的丈夫看到妻子和儿子回家后还在忙工作学习，不禁想起了平日的自己，也明白了妻儿的用意。通过换位思考，他举起双手表示投降，决心改掉自己的习惯。

也难怪故事中的妻子和儿子担心,近年来,"过劳死"成了最流行的网络词语之一,"过劳死"是指劳动者过度劳动,正常的工作规律和生活规律被破坏,体内的"疲劳"变为"过劳",使血压升高,动脉硬化加剧,造成猝死。一个人在公司拼命工作,倘若回到家还要继续加班,一直没有休息的机会,身体很容易出现"过劳"状况。

尽管已经出台了防止劳动者过度劳动的法令,但生存压力大的现代人已经把加班当成了家常便饭,他们认为自己的身体还不错,即使健康出现了告急信号也不在意,劳逸结合这个成语早已被他们遗忘。妻子和儿子的行为是在提醒男主人:你要学会爱自己,不但要爱自己的事业,还要爱自己的身体。

一个和尚留恋俗世繁华,决心还俗。一个月后,他回到寺庙,对师父说:"世人纷纷攘攘,我看着心累,我还是伴着青灯古佛,修身养性吧。"师父接纳了他。

又过了一个月,和尚对师父说:"寺庙里太冷清,看来我俗性未改,我还是下山吧。"师父答应了他的要求。

又过了一个月,这个弟子又上了山,师父问:"又想当和尚了?"弟子回答说:"弟子愚钝,不明白为何当和尚的时候觉得俗世好,还俗后又觉得修佛好。"

师父说:"做一件事的时候,就不要想另一件事——你始终留恋尘世,又不安分在尘世中生活,如何不苦恼?"

和尚还俗再剃度,剃度又还俗,一来二去,既当不好和尚,也做不好俗世中的营生,只能烦恼地请教自己的师父。师父的回答很简单:"做一件事的时候,不要想另一件事。"用更简单的话说,一是一,二是二,做什么都需要专心致志,三心二意做不好任何事。

工作和休闲的关系也是如此,在休息时,就要放松心态,不去想工作上的琐事,也不用惦记着明天要做的事;工作时,就要打足精神,不要想着休假,想着偷懒,想着什么时候能出去玩。休息时想工作,会把休息变成工作的延续,让自己更加劳累；工作时想休息，就会影响工作效率，延长工作时间，最后影响到休息。

有人认为，把工作带回家是敬业的一种表现，但这些人无法解释，为什么还有那么多人能够兼顾工作和休息，同样有出色的业绩。事实上，把所有时间用在工作上，往往不如提高工作效率。用全部时间工作，工作会变成一场疲劳战，甚至是车轮战，让人的身体精神吃不消。注重工作效率，却是胸有成竹地定下战略，一步步行军，按时到达营地，只用了最少的精力，就得到了最好的结果。一心一意正是一种高效率的做事方式，当头脑只专注于一件事，全身细胞都会充分感受到大脑传达的信号，通力合作地转化为身体的行动、思维的活跃，不论工作还是休息，都能达到最好的效果。

央视著名主持人白岩松就曾对人们传授他的休息经验：不把工作带回家里。工作中，他是著名主持人，在家里，他看书、喝咖啡、和家人玩耍，对工作闭口不谈。正因为如此，他才能在竞争激烈的央视始终保持一份良好的心态——一个人能够准确地把握自己的角色，在适当的时间做最适当的事，才是保养身心的秘诀。

把握技巧，谈话是一种艺术

风趣的谈吐使粗肴成美味，恶劣的谈话使珍馐难以下咽。

有个地主请朋友们到自己家里吃饭，好酒好菜摆了几大桌，客人们看得出主人的诚意，都来敬酒感谢，主人说起今天有几个朋友有事不能来，感叹一句："唉，该来的怎么都不来。"

听完这句话，一半的客人匆匆告辞。地主着急地问："怎么不该走的全走了？"

听完这句话，又有一半客人告辞离开。地主更着急地喊："我说这句话不是叫你们走！"

听完这句话，最后几个客人想："不是叫他们走，肯定是叫我们走了。"于是也向主人告辞。地主三句话就得罪了所有朋友，白白准备了几大桌酒菜。

俗语说："言者无心，听者有意"。地主为请客准备好酒好菜，足以看出他的用心，本该宾主尽欢的宴会却因主人的几句话落得冷场。主人本意是好的，却因为讲话缺乏技巧得到了反效果。可见讲话是一种艺术，同样的意思，讲得好让人高兴，讲得不好就会得罪人。朋友之间有时尚不能担待，如果对象是陌生人，这位地主不但让人不高兴，今后恐怕还有麻烦。

语言是人与人沟通的最直接工具，却不是最精确工具，一句话的意思在不同的情境中会产生歧义,即使在相同情境里,讲话人的方式不同,听话的对象不同,也会产生不同的效果。想要语言确切地达到需要的效果,就要斟酌讲话的内容,有些话该说,有些话最好不要说。

譬如说,同办公室的女孩拎着一个名牌皮包进了办公室,大家都夸奖她的新皮包,而你恰恰知道这个皮包只是网上买来的高仿品,这个时候,讲真话并不意味着真诚,而是扫了同事的面子。有时候小小的谎言不会损伤自己的利益,却能换来别人的好心情。

再比如,一个男孩正在喜欢的女孩面前吹嘘自己是个精通文学的才子,一边说一边背诵一首情诗,你恰好背过这首诗,恰好听出男孩把其中几句背错了,这个时候如果你站出来说出正确的诗句,不但男孩记恨你,女孩觉得你扫兴,周围的人也会觉得你太爱出风头。

《千家万户》是电视台最受欢迎的直播节目,每期节目会选两组夫妻,在一块隔音板左右,给出相同的情境让他们还原生活场景,进而引起观众思考。

这一天,隔音板的左边,先生从外面回到家,对妻子说:"今天我太高兴了,我的提议被董事会采纳了!"

"这真是个好消息,快点坐下吃饭,吃完饭你能不能帮我修一下冰箱?它好像出了什么问题。"

"听我说,这次的提议得到了董事会高层的注意,也许不久我就会升职!"

"太好了,快点坐下吃饭,等一下能不能开车去城西的商店帮我买一个东西?"

女人说着她要买的东西,却没发现自己的丈夫已经板起脸,味同嚼蜡地吃完饭,打个呵欠说:"我今天累了,明天再做你需要的那些事吧。"

隔音板的另一面,情形完全不同,丈夫回家报道董事会通过提议的好消息,妻子最初安静地听着,时不时称赞"亲爱的!你太棒了!""亲爱的!你真了不起!"

等到丈夫一口气说完,妻子端上做好的饭菜说:"我早就说过你的提案一定会通过,你看,我做了这么多菜准备给你庆祝!"等到丈夫心满意足地吃完一顿美餐,妻子烦恼地说:"亲爱的,今天我发现冰箱坏掉了,而且,下班的时候我忘记去城西的商店买东西。"丈夫立刻说:"放心吧亲爱的,我先去修冰箱,然后马上开车帮你把东西买回来!"

两位丈夫在工作上取得了成绩,兴冲冲地回家想与妻子分享,遭遇截然不同。第一个丈夫得到的是妻子敷衍性质的道贺,满腔热情被浇熄,最后冷冰冰地拒绝了妻子提出的请求,早早上床睡觉。第二个丈夫得到了妻子崇拜性的鼓励和夸奖,同样劳累一天的他满心欢喜地做了妻子吩咐的许多工作。由此可见,会讲话的人总是比不会讲话的人受欢迎。

会讲话并不是油嘴滑舌,会讲话的人能用最少的力气达到自己的目的,还能让听他说话的人开心满意,谈话是一门艺术,懂得的人自然比笨嘴笨舌的人占便宜。而那些小看谈话艺术的人,经常因为一句无心的话得罪人,得不偿失。

如何掌握谈话的艺术呢?最简单的方法是在讲话之前,先为讲话对象考虑。假设你自己是那个听众,你会希望和你说话的人用什么样的态度、哪一种技巧?多数人都希望对方能在讲话的时候柔声细语,表达清晰,不要出现不雅字眼,在讲话内容上,多数人都希望讲话人通情达理,最好还能多一点幽默。只要能够做到以上几点,你就会成为所有人的理想谈话对象,在与人交往的时候无往不利。

懂得休息的人才懂得工作

奋进之前,先给自己找一个缓冲地带。

一个圆和一个方块凑到一起,方块对圆抱怨说:"我真羡慕你,你可以在任何地方滚动,能干很多事,而我只能在原地,想要行走的时候,也要慢慢腾腾一步一步地挪动,我要是能像你那样健步如飞,不知有多高兴。"

圆苦着脸说:"别提我的伤心事了,你不知道我有多羡慕你。就因为我这个体型,每天都要不停地转啊转,根本没有休息的机会。你在一条路上走,可以看看风景,听听鸟叫,我呢,到一条路上不到几分钟就滚了过去,根本不知道路两旁有什么东西,只听到自己跑步的声音,我恨不得自己缺少一块,才能停下来喘口气!"

方块羡慕圆圈,它觉得圆圈的生活充实又有效率,圆圈却抱怨自己的生活太快,错过很多美景不说,每天还累得喘不过气。圆圈并不赞同自己的生活状态,它认为生活不该只是"听到自己跑步的声音",不如像方块那样安稳自然,想走的时候走,想歇的时候歇。

现代人的生活也像一个圆圈,周而复始地高速运转,没有休息的机会,每天早晨匆匆忙忙吃一口早饭,飞快奔向公司,一天劳累工作后,拖着疲倦的身体站在回程汽车上,思索着晚间的应酬,到了半夜终于能回家,直挺挺地倒在床上,一天就这样过去,第二天还要这样继续,难怪有社会学家说:"现代生活剥夺了人生的乐趣。"

古语说:一张一弛,文武之道。当生活像圆圈一样转动,我们必须主动寻找圆圈的缺口,让自己暂时停下歇歇脚,换言之,要学会爱自己,才能有高质量的人生,同样的下班时间,为什么一定要出门应酬,而不回家优哉地看看书、上上网?有人会说他并不想这么累,这么做是因为身不由己,其实这只是不够爱自己的人找出的理由,一个下决心要好好休息的人,总能推掉所有应酬。

除了外界的应酬,有些人喜欢自己给自己找事,难得的休息时间,他们却要给自己规定一大堆任务。

星期一上班的时候,小张发现隔壁的王姐无精打采,看上去比周五下班还劳累,小张关心地问:"王姐,刚刚休息两天,你怎么这么累?难道出去旅行了?"王姐揉着太阳穴说:"我忙了整整两天,昨晚十一点才上床睡觉。"

小张惊讶地问:"难道这两天你都在加班?"

"不是加班,是做家务。"王姐说:"房子里积了一个星期的灰尘,都需要清扫,还要洗衣服、刷洗地板、晒被褥、换洗床单,我家房子大,做这些做得我腰酸腿痛。"

"可是,您平时难道从来不打扫房间吗?"

"怎么不打扫,我每天都打扫。"

"既然每天都保持,为什么还要占用休息日,让自己这么累呢?"小张哭笑不得。

我们可以想象王姐的家:空气里像是没有灰尘,锅底干净得可以直接放在床上,地板亮得可以照人影,玻璃透明得像根本没镶上——达到这种效果的代价是,王姐忙了整整两天,到了周一,她还要腰酸腿痛地去上班。她的假期全奉献给家务,比上班时还要累。难怪小张劝她"不要让自己这么累"。现代人工作繁忙,休息时间本来就有限,如果再给自己添加一堆额外任务,一周七天都在忙碌，免不了变得像王姐一样无精打采，腰酸腿痛。

工作繁忙，生活就要相对简单，才能让心灵得到放松，生活简单，就是不要因为小事把自己搞得很累，不要在细枝末节上占用太多的时间和精力，就像做家务，家庭不是星级宾馆，一味追求纤尘不染，倒显得矫情、缺少生活气息。

何况，人们要做的事太多了，除了工作，生活方方面面都需要人付出精力，在体力上，需要做家务、做运动、出门交际；在人情上，需要关心亲人朋友，需要对求助者提供帮助；在脑力上，需要在闲暇时间计划未来，畅想生活——一个人有这么多事情需要忙碌，如果每一件事都要精工细作，难免顾此失彼，什么都做不好，以致压力越来越大，负担越来越重。

生活有时不必那么细致，粗糙一点，反而能让自己更舒适，在休息时间，少干一点活，少做一点事，都是爱自己的一种表现，在小事上马虎一点，节省下精力，才不会在大事上力不从心，人生有限，短短几十年，懂得爱自己，才能享受生活，靠近幸福。

把时间浪费在无用的事情上就是慢性自杀

宁当闲来慌，不当无事忙。

张小姐是公司的红人，她下班后的生活多姿多彩，每天都有参加不完的PARTY，她认为，一个成功的人要有自己的交际网，交际网越大，可用的资源就越丰富，遇到困难的时候，能求助的人就会越多。此外，张小姐认为一个成功的人不能轻易得罪人，得罪的人越多，路越不好走。

没等张小姐向人求助，求助的人找上门来，公司的一个领导的妹妹要练习英语口语，领导知道张小姐口语能力好，就拜托她抽空帮忙，张小姐勉为其难地答应下来。

又过了半个月，同事想要一个十字绣的花色，特地请教张小姐，张小姐只好在休息日跑到绣品市场找同事要的花样。

渐渐地，张小姐发现自己的闲暇生活总是被各种各样的"交际"占满，不是要参加聚会，就是要给别人帮忙，她的心情越来越烦躁，甚至怀疑自己得了抑郁症。

张小姐的焦虑，是每一个在职场中打拼的人经常碰到的，有时候，人们不知道如何区分"合理拒绝"和"得罪人"，也不知道如何把握"交际"和"应酬"。张小姐每天都去参加PARTY，她以为这样做能和他人联络感情，殊不知这只是一种应酬，大家点头之交，真正需要帮忙的时候，这些人一概靠不住。还有"得罪人"

的问题,张小姐认为拒绝别人就是得罪人,她却没有想过,领导和同事的要求并不合理,张小姐帮忙,是个人情,不帮忙,是人之常情。她却自己夸大了事情的严重性,让自己受累。

在生活中,人们要做的事只有两类,一种是有用的事,工作、正常交际、休息……一切生活必须的事情都包含在这个范畴内。还有一种是无用的事,像张小姐的应酬,张小姐不想做却不得不做的教口语、找十字绣花色,既占用时间,又无益身心,这样的事做得少,还可以当做生活的调剂,做得多,无异于浪费时间,甚至是慢性自杀。

人们会去做无用的事只有一个理由:怕别人不开心,这个别人,可能是自己的领导,也可能是同事、亲人、朋友,适当地帮助别人是一种情操,也是一种成就,但是,如果无限制地顺从别人,不懂得拒绝,不懂得维护自己的利益,就是轻视了自己的感受,当自己的生命全都花费在为他人做无用的事,我们的价值在哪里?所以哲人说:"帮助别人之前,先要帮助自己。"

约翰是一位成功的商人,做生意是他每天的生活主题,忙起来的时候,他可以一个月住在公司,不回一次家,朋友们戏称"约翰的生活就是做生意"。

一次,约翰和几个合作者去南美洲调查市场,在旅途上,他们的船只出现事故,在大西洋上漂流了半个月,后来,救援队赶来,约翰终于能够平安到家。

生还后的约翰仍旧是个成功的商人,生活习惯却发生了很大改变,他不再忙着扩大自己的公司,而是在闲暇时间学会了钓鱼,每周都要去钓上几个钟头,还迷上了登山,经常约朋友们一起出去踏青。

朋友们很惊讶他的变化,约翰说:"在大西洋上漂流的时候,我懂得了一个道理,一个人能够活着是件不容易的事,活着的时候,就要尽量享受生活,不要奢求太多。"

一场海上遇险,让商人懂得了生命的价值和生活的目的,人活着并不只要为自己的事业添砖加瓦，还应该重视生活的质量，约翰去钓鱼，去爬山，尽量让生活丰富多彩，同时，他不再费尽心机扩大自己的公司，他知道奢求太多只会让自己劳累，人的生命只有一次，活过了，就再也没有机会。

作家德莱塞说："习惯促使我们去做很多事，我们担心如果不去做，就会失去什么东西。"事实上，我们就生活在"得到"和"失去"中，加加减减，保持着一种生命平衡。一个人忙碌是因为他总是想要做好所有事，一个人成功是因为他能专心致志做某一件事，一个人幸福却是因为他认真对待生活，不对任何事强求。

当一个人觉得不幸福，再多的成就也成了"无用的事"，继续为这些事打拼，奋斗就成了浪费生命，这个时候，与其忙得团团转，不如停下来检讨一下自己，自己肩上担负的事情是不是太多了？需不需要删减？积极向上固然是一件好事，但高处不胜寒也谈不上幸福。很多东西就是这样，想开了，放下了，就会把眼光投到最适合自己的地方，就像商人会在工作之余，走到鱼塘，走向高山。

人的寿命有限，把时间浪费在无用的事情上，无形中缩短了我们的生命，摒弃多余的心思，把时间放在自己真正应该做的事情上，才不会迷失人生的方向。当一个人能够始终顺从着自己的心愿，把时间交给自己想做的事，他就不会体会到空虚乏味，而是像长满果树的树林一样，始终散发着活力与芬芳。

给自己留个转身的空间

不到万不得已的情况，不要背水一战。

有个姑娘新嫁到一户农家，不习惯新婚生活，回娘家向自己的母亲抱怨说："妈妈，我该怎么办？我觉得生活没有任何乐趣，我的丈夫个性沉闷，一天说不了几句话；我们家的房子太小，放不了多少东西；我每天要纺那么多的线，累得要死不活，妈妈，我觉得活着真没意思！"

母亲安静地听女儿发牢骚，最后说："这样吧，女儿，等你回到家，你就把你家的牛、羊、鸡、鹅全都放在屋子里，不要让它们出去，不久之后，你就会觉得幸福。"女儿半信半疑地回到家，按照母亲的吩咐把牲口、家畜放到屋子里。没过几天，她跑回来哭诉说："妈妈！我被那些牲口吵得受不了了！我的屋子连转身的地方都没有！"母亲说："好，你可以把它们放出去了。"第二天，女儿兴奋地告诉妈妈："妈妈！我的丈夫帮我收拾屋子到半夜，我的房子现在又干净又安静，真是太让我满意了，我现在觉得自己是世界上最幸福的人！"

母亲让女儿将牲畜牵进自己的房间，又让她放出去，无非想让女儿通过自己的眼睛，看到一种对比：一旦情况变得更糟糕，人们对幸福的要求就会降低。牲畜牵出后，房间还是和以前一样，丈夫还是和以前一样，但女儿的心态却变了，仅仅是一间可以转身的屋子，就让她认为自己是最幸福的人。

女孩会有这种想法并不奇怪,在生活中,转身是一件重要的事,转身意味着一种自由,意味着可供选择的空间,当我们处在烦恼之中,能够转身背对烦恼,也是一种安慰。这个转身的空间,不是别人留出来的,需要我们自己细心寻找。工作之前,留出休息的时间,疲倦之时,留出倾诉的时间,娱乐之时,留出独处的时间,这都是一种"转身",转身,就是不再面对他人,面对生活,而是面对自己的内心。

一个人倘若始终一往无前,他的锐气会渐渐被消磨,最终变得无力。懂得转身休整,然后继续前进,他就得到了积蓄力量的机会,能够走得更远。当一个人做错了事,搞错了方向,他更要及时转身,才能弥补失败,如果继续走,就会一条路走到黑,由此看来,懂得转身,是一种生活智慧。

有个道士修习道家心法,想要得道成仙,却不得其法,有一天,他去山里拜访一个隐者,他问隐者说:"为什么我从早到晚勤奋修炼,却总是参悟不了道法?"

隐者说:"你去厨房把喝水的葫芦装满水,拿到这里。"道士去厨房拿了一个葫芦,隐者又说:"你再把桌上那些小石子放进去。"道士说:"葫芦已经满了,怎么放进去?"

隐者说:"那些小石子就像道法,装不进已经满了的葫芦,修道就像弹琴,七根弦都绷紧,如何弹出好音乐?"道士大悟,自此每日纵情山水,闲云野鹤般悠然自得,不久便得道升天。

葫芦装得太满,就放不下任何东西,道士心里放的都是成仙的意识,反倒阻碍了修行,隐者教导他:只有顺其自然,方能大彻大悟。把自己装得太满的人,也会像那个灌满水的葫芦,看似沉甸甸很有内容,其实已经达到极限,不能再有其他作为——与其说是圆满,不如说是可惜。

装得太满并不是一件好事,日程表太满,日子会过得十分忙碌,没有时间休息;头脑太满,就不能接受新的东西。就像一个满脑子古板念头的老人,容不下任何新思想,也不会意识到自己早已脚步迟缓,奄奄一息;心灵太满,就会终日被过去的压得劳累,提不起精神去做更多的事;话说太满,一旦情况有变,许诺的事做不到,难免影响自己的信用;做事太满,不给自己和别人留余地,反而会落得两败俱伤——一个人的心里倘若装满了烦恼,也就不能容下欢乐,不把自己装得太满,就是给自己留下了转身的余地。

心理学上有一种"空杯心态",说一个人的心就像杯子,注满水之后,就不能再容纳其他东西,所以,人们要自觉地经常性地清空这个杯子,以接纳更多事物。比起不把自己装满的人,空杯心态无疑更加积极,它要求人们主动减少自己的所有,增大自己的容量。过去得到的,并不会消失,我们所做的,是为了未来能够得到更多。

你真的没时间吗

时间就像海绵里的水一样,只要你愿意挤,总还是有的。

华生教授在一所大学教授心理学,他发现很多学生上课时候无精打采,当他找来这些学生询问他们为什么不好好休息,他们异口同声地说:"教授,我们没有时间!"

这一天,华生教授找来这些学生,拿出一个烧杯,在烧杯里装满石头,问学生们:"你们觉得烧杯是不是满的?"

"是满的!"学生们说。

华生教授又拿出一袋沙子倒进烧杯,他对学生说:"你们看,烧杯还有空隙,你们说它现在满了吗?"

"完全满了!"学生们说。

华生教授又拿出一杯水倒进烧杯,又问:"现在你们还认为烧杯是满的?"学生们不说话了。华生说:"你们总说自己没时间,其实时间总会有的,关键在于你们会不会安排。"

在华生教授看来,学生们的问题不是没有时间,而是不会安排时间,他们做事没有轻重缓急,也不知道很多事可以同时兼顾,一个烧杯之所以能装很多东西,关键在于教授的安排,如果一个人也能按照事物的性质安排好自己做事的时间,他将得到事半功倍的效果——只要安排得当,每个人都有充足的时间。

现代生活为人们提供了各种便利,交通工具的提速,世界不断缩小,过去需要几个月的路程,现在只需要几个小时。过去做一顿饭需要几个小时,现在用微波炉只需要几分钟。可是,人们仍然觉得没有时间,过惯了快节奏的生活,现代人也开始跟着时代一起奔跑,忘记了时间是无价的资产,需要用心管理,才能够被有效利用。

关于如何利用时间,意大利经济学家巴莱多提出过一个"二八定律",他提出一个观点:生活中的百分之八十的成果来自百分之二十的活动。这就是说,生活中只有百分之二十的事,是我们取得成功的关键,如果我们能把精力放在这百分之二十的事情上,就得到了掌握时间的秘诀。那么,怎样寻找这"百分之二十"?

一个成功的商人正在接受记者的采访,记者问:"先生,我们都知道您的成就,更佩服您在六十五岁高龄,仍然这么神采奕奕,请问您的养生秘诀是什么?"

"我没有什么养生秘诀,该工作的时候,我就工作,该休息的时候,就去休息,如果非要说我和别人有什么不同,我想是因为我有一个独特的习惯。"

"可以请问您有什么习惯吗?"记者问。

"每隔一段时间,我就会到郊区的墓地散散步。"

"到墓地散步?您的爱好真特别!"

"每当我看到一座座墓碑,想到那些躺在地下的人,我就会想,有一天我也会和他们一样躺在棺木里,然后我就会明白时间的重要,生命的重要,更加珍惜我的生活。所以在我工作的时候,我想的是提高效率,在娱乐的时候,我能够尽情欢乐。即使工作再忙,我也会打电话问候亲人,这就是我的养生秘诀。"

去墓地散步体味生命的重要,这是商人长寿的秘诀,也是成功的秘诀,在商人看来,生命中最重要的"百分之二十",就是他的生活,在工作的时候,他会想到人生苦短,想方设法提高自己的效率,在娱乐的时候,又能尽情享受,在忙碌的时候,他不忘兼顾自己的家庭,这就是有价值地利用了所有时间,每一秒钟都有所收获。

人的生活需要一个中心,所有活动都围绕这个中心展开,这个中心就是"百分之二十"。把事业当做中心的人,他的所有行为都与工作有关;把艺术当做中心的人,开口闭口都是艺术;把爱情当中心的人,为了爱情可以不顾一切……但是,所有这些中心,都不如认识自己的生命、看穿自己的生命本身,只有生命才是真正的中心,在这个前提下,人们可以兼顾事业、爱好、感情,而那些只看重一个方面的人,往往因为自己的一念之差,拖累了生命。

没有时间的人,往往忽视了心灵的其他需求,心灵需要多方面的滋养,想要满足它,自然会想出各种办法让自己闲下来,静下来。心灵的需求和生命的延续息息相关,我们的时间都要奉献给自己的需要,懂得管理时间的人,更懂得自己的心灵——当我们删去不必要的事务,剩下的时间,就可以全心全意地做那些最重要的事。

在亲近自然的地方休息和工作

大自然的每一个领域都是美妙绝伦的。

有一次,忙碌的王先生联系了一个位于浙江某座小城的厂商,他坐客车去签合同,归途中,汽车抛锚,他和很多旅客被困在了公路上,司机抱歉地对他们说:"不好意思,晚上车才能修好,这个时间大家不妨下车散散步,看看景色。"

王先生本想在天黑前回到公司交差,现在,他知道交差无望,索性下了车,走向公路旁的鱼塘。江南水乡的风景刹那间走进他的视野,一片黑瓦白墙,清亮的水塘,远远有小船的声音,眼前的美景让王先生忘记了所有的郁闷。更让他奇怪的是,这样的景色他明明经常看到,为什么今天格外入眼?他和几个旅客一起游泳,又在农家买了几条鲜鱼,饱餐一顿。后来,王先生养成了旅行的习惯,每隔一段时间就要去山清水秀的地方陶冶一番,他说山水可以让他忘记所有烦恼,重新回归自我。

王先生的经历,可算是一次不大不小的奇遇,这不是王先生第一次旅行,但是,从前的他脑子里只有工作,不会去看也不会去想,同样的黑瓦白墙,在心事重重的人来看,不过一种背景、一种摆设,只有暂时放下一切的人,才能体会到它的宁静和美丽。

现代人追求高质量的生活,倡导在工作之余寻找生活的情调,于是,他们去咖啡厅喝咖啡,去园艺室学插花,去歌剧院听戏剧,他们认为这样做了,就能让自己的精神世界更加丰富,其实所有的娱乐都不如和自然的一次亲近,当身体需要休息的时候,最简单的东西才能让人完全放松,温柔的阳光、干净的空气才最有价值。

眼睛累了,要看绿色的树木;舌头吃了太多的美味佳肴,总想尝尝现挖的野菜;闻腻了工作室的香水和清新剂,花香就成了鼻子最需要的东西——自然能够给予人的抚慰,是最直接也是最有效的,因为人类本来就是自然的一部分,亲近自然就意味着回归自我。当你看到壮丽的山谷,潺潺的小溪,田野上刚刚开放的鲜花,你会明白生命的喜悦,察觉自己和大自然一样,变得生机勃勃。

一位身心俱疲的企业家问天使,自己如何才能得到幸福。天使想了一下,说,你和蜗牛去你家的花园散步吧!这个企业家整天忙着开会,听属下报告,见天使这样安排很是不快,他想:"我已经够忙了,为什么还要带一只蜗牛散步?"

这个企业家尽管不愿意,但还是准备牵着蜗牛散步。可是,散步刚开始,企业就觉得被天使骗了,因为这只蜗牛慢慢腾腾,不管怎么拉,怎么骂,就是不肯快点走路。恼怒的企业家抬起头想要寻找天使,突然,他看到头顶漫天星光。

这时花园的风徐徐地吹了过来,蜗牛惬意地展了展身子,慢慢地爬行。企业家不由放慢脚步,跟在蜗牛的后面。突然,他发现花园很大很美,池塘里的水还泛着令人舒心的光亮,这一切他以前从没有注意过。

回到公司,企业家对员工们讲起了这件事,感叹道:"其实,不是我牵着蜗牛去散步,而是蜗牛牵着我去散步。"

天使让企业家和蜗牛散步,是为了让他放松自己,不因过分忙碌的生活而窒息。生活不仅需要忙碌,还需要像蜗牛一样漫步去领略大自然的美景,而这就是天使给企业家的启示。当人们感到身心疲倦时,散步是一种最简单的消遣方式。散步最好在有草木的地方,看自己想看的东西,听自己想听的声音,甚至不需要定下方向，随心而行，即使有人群喧嚣，也能自成一个世界。即使有不顺心的事，也在随着心态的平和慢慢溶解——对比广阔的大自然，人的小烦恼算得了什么？

哲学家尼采说过："很多伟大的思想都是在简单的散步中产生的。"散步时，人的思维极度活跃，可以想到很多平日不曾想过的东西。散步的时候，可以反思自己，发现自己不曾注意的缺点或优点；可以看看周围的人在做什么，体味人生百态；可以醉心于沿途的景物，让自己紧绷的神经得到缓和。散步，就是寻找内心的净土。

当散步变成远足，最好的地点是在大自然中，大自然能够给予我们的远比想象的要多，在秀丽的山水中闭上眼睛尽情呼吸，充分领会天地馈赠的礼物，才能真正明白生命的本质：生命，应该像清风一样舒展，像山水一样从容。

别太高估自己的承受力

人心不是钢铁，承认软弱有时也是一种快乐。

一个小女孩的父母因车祸去世，留下她和身患重病的祖母。小女孩每天去学校读书，回家承担所有的家务，还要为祖母买药换药，她们生活贫困，女孩穿的衣服都是亲戚穿过的，为了祖母开心，女孩总是带着笑脸，看上去无忧无虑。

有一天，学校组织春游，女孩没有钱交春游费，就请假待在家里，骗祖母说学校放假。女孩在自己房间里看书,想的却是正在玩耍的同学们,想着想着,她放声大哭。这时祖母走了进来,对她说:"你不过是个小孩子,心里难过的话不要忍着,如果不愿意跟我说,可以去附近那个花园,对花园里的树木说。"

之后,小女孩有了伤心的事,就到公园对树木倾诉,因为及时发泄了情绪,小女孩越来越开朗,她的笑容也越来越灿烂。

一个小小的女孩过早承担生活的压力,长期抑郁得不到纾解。人的心理承受能力有限,一旦超过界限,焦急、失望、怨恨等等负面情绪就会像河水决堤一样淹没心灵,女孩固然坚强,也抵不住长期的重压,终于在自己的房间痛哭。

在我们年幼的时候,幼儿园老师就为我们灌输了一种思想:"一个人要培养自己的承受能力,不论遇到什么困难都要坚强。"久而久之,遇到压力的时候,我们不好意思找人倾诉,认为倾诉、求助都是示弱的表现,我们希望自己能够成为超人,战胜一切困难,跨过一切阻碍,事实上,我们只是拥有七情六欲的普通人。老奶奶对孙女说:"你不过是个小孩子。"我们也可以对自己说:"我只是个普通人。"

人心不是钢铁,独自忍受痛苦并不是勇敢,有时甚至是一种愚蠢。人是群居性动物,不能一个人生活,遇到困难的时候更需要他人的关怀和帮助。面对压力时,最好的办法就是找人倾诉,小女孩对树木说出了自己的烦恼,心里的情绪得到了释放,渐渐变得开朗。我们也可以像她那样,把自己的烦心事对朋友说,对宠物说,对花草说,把事情憋在心里,不如把它转嫁出去,换回自己的好心情。

谭妮年过四十,是一所高中的高级教师,连续几年都当班主任。每一天,她都有至少三节课要上,还有大量的作业需要批改,要找学生谈话,要备课,她教授的科目一直受到学生欢迎,她的班级每年都会被评为优秀班级。

最近,谭妮觉得自己的状态越来越差,她感觉自己的记忆力严重衰退,以前讲课,她可以不看教案,现在,讲一会儿就要看一眼教案,更严重的是,她有时连学生的名字都会叫错。她的丈夫带她去医院检查身体，检查结果不太理想，却也没有太严重的疾病，医生劝她保养身体，并对她说："你的病是心理上的，你承受的压力太多了，其实你本来可以没有这么多压力。"

回到家后，谭妮检讨了自己，她太重视班主任工作，学生犯了错误，她会焦急不安，学生成绩不好，她会彻夜失眠——其实，这些事并不是她的责任，是她对自己要求太过严格，给自己增加了太多的压力。想开后，谭妮开始给自己减压，她的气色渐渐好转，很快恢复了元气。

谭妮是一个优秀而负责任的老师，她太负责任，太追求自己的优秀，就把不属于自己的错误强加到自己身上，把学生的责任当成她的责任，换言之，她把所有的压力一个人承担，最后导致了心理上的困顿，导致自己的不快乐。把所有责任揽到自己身上的人，高估了自己的能力以及心理承受能力，将这种行为坚持到底，更是增加了肩头的重担。

高估自己承受力的人喜欢逞能，别人认为做不到的事，他偏偏要去做，等到真的做不到，或者结局不理想，他又会自怨自艾，怀疑自己的价值。其实，谁都不是完美的神仙，也没有人会把谁当做神仙，因此何必对自己要求那样多，让自己的生活陷入永久性的劳累？有些人的承受力的确高于常人，但他们也是最不快乐的人，他们不会向任何人诉苦，任凭苦闷在心灵上积压，这压力永远不会消失，一年比一年沉重，最后完全把他们压垮。

生活是一个流动的过程，感性而温暖，人们需要坚强地抵挡风雨，也需要在淋湿的时候接过别人递来的伞，一味在风雨里奔跑的人，最终会倒在越来越大的雨中，而那些懂得缓解压力，懂得向人求助的人，却能够坐在温暖的房间，享受一杯热茶，听一句旁人贴心的话——不必让自己活得太累，把压力让别人帮忙分担，不是给人添麻烦，而是增加了人与人的信任和关怀。

忘记身份,给自己定制一个心灵假期

当你时刻提醒自己的身份,身份就是一把锁,把你禁锢其中。

2003年夏天,晓慧经历了一次长达半年的失业,终于又找到了一份满意的工作,这份经历让她对人生有了更多的想法。她自己出钱创办了一个网站,专门组织同城聚会,聚会活动丰富多彩,有时是去城市周边登山,有时是一起聚在老茶馆喝大碗茶,有时是一堆人在湖边谈天说地,有时候是集体看一部电影。

晓慧的初衷很简单——在她失业期间,心情郁闷,总希望能找个人说说话,或者和一群志趣相投的人聚在一起娱乐,她想给同样郁闷的人提供一个缓解情绪的场所。网络上很多人喜欢晓慧的这个创意,愿意在工作之余让自己尽情放松。

这个网站叫做"心灵假期",宣传语是:"每个人都应该学会给心灵放个假。"越来越多的人喜欢上这种交流方式,晓慧的网站已经从最初的个人小站,变成了大型公共网站。

03年的时候,同城聚会并不普及,如今,同城活动已经成为都市人放松心灵的重要方式,在一群陌生人中,老板不再是老板,不需要板着脸;小职员不再是小职员,无需口是心非地附和别人,所有人都摆脱了自己的身份。和身边的人打个招呼,就可以海阔天空地神侃,在这样的氛围中,人与人的关系变得简单,人的心情也变得简单明快。

有这样一个笑话,儿子见爸爸愁眉苦脸,问爸爸说:"爸爸,你为什么这么烦恼?"爸爸说:"我烦恼你什么时候长大。"儿子说:"那么,从现在开始,我来当爸爸,你来当儿子,你就不用烦恼了!"——孩子的话虽然天真,却说明了一个道理:一个人的身份往往是一切烦恼的起源,当父母的担心子女,当老板的担心公司,老师担心学生,学生担心成绩,病人担心身体……只要想到自己的身份,人们不由愁眉苦脸。

如果一个人暂时忘记自己的身份,父母可以像孩子一样无忧无虑,老板可以像员工一样不再担心公司尽情玩乐,老师可以放下心中的担心,学生也能恢复天真,病人能像健康人一样开怀大笑。就像晓慧的网站倡导的——每个人都需要一个心灵假期,忘记自己的身份,尽情享受生命。

琳达是玫琳凯公司的一位高层管理人员,每天,她的粉红色跑车总是最先出现在公司,她的公文夹里夹着秘书写给她的各种提醒,在她办公桌旁边的墙壁上,贴着秘书昨晚做好的今日日程表,长长的日程表让她不禁揉了揉自己的太阳穴——今天又是劳累的一天。不过,她并不像其他白领一样,认为自己的工作乏味劳累。

琳达每周都会为自己安排假期,每周三晚上、周五晚上是她去看电影或者健身的时间,周六她都窝在家里赖床,周日出去游玩,她说:"假期必须像工作一样雷打不动,才算真正的假期。"

除了管理公司,琳达还有一个任务——给公司的新进职员上课,琳达首先拿自己的生活教育员工们,她要求员工给自己安排假期,因为"一个人只有爱自己,才能真正爱他的工作。"

事业有成的琳达给新进职员上课,首先教授的不是职业操守,不是如何工作,而是如何给自己制定假日,琳达明白,只有懂得爱自己的人,才会爱生活,爱他的工作,这种积极的力量能够让人的心情和身体保持最佳的平衡,给公司带来最大的价值。

琳达自己也是这么做的,她知道自己工作忙,就强制规定了每周的假期,强制自己暂时脱离"公司高层"这个身份,回到人群中,看电影,吃美食,健身旅游,在这个过程中,她只将自己当做一个普通人,同样放下了自己的身份。当闲暇时间越来越少时,休息也要有计划,什么时候工作,什么时候放松,什么时候找人缓解一下压力,都可以写在计划表里,作为生活的辅助项目,一切都是为了自己拥有良好的心情。

不懂生活的人不需要假期,普通人等待假期,聪明人则会为自己制定假期,如果工作太忙,无暇分身,他们也会适时给自己的心灵放个假。他们会提前结束工作,回家泡一个舒服的澡,看一本早就想读的书,给朋友打个长长的电话,在他们看来,能使自己摆脱日常生活,放松心灵的活动,都是放假。这种假期不需要很长时间,却能达到最佳效果。

可见,真正的假期并不是一次出游旅行,而是在日常生活中一点一滴地关爱自己,用心经营自己的精神园地。

送别人一份小礼物，给自己一份好心情

人的快乐不在于能为自己做什么，而在于能为别人做什么。

这一天，汤姆先生下了车走入家门，迎接他的是他养的拉布拉多猎犬，还有他温柔的妻子，妻子发现，汤姆手里提着几个袋子，手中还抱了一个大盒子。

"今天是什么日子，你买了这么多东西？"妻子问先生。

"今天我听了一节关于生活的课程，讲师说，每个日子都可以是感恩节，都值得纪念，如果能经常为身边的人送上一份小礼物，感谢他们带给你的幸福，自己的心情也会变好。为了纪念这件事，我买了这些礼物给你们。"说着，汤姆先生送太太一双鞋，送儿子一款新出的赛车游戏，送女儿一只泰迪熊，就连那只拉布拉多猎犬，也得到了一罐高级狗罐头。

此后，汤姆先生的生活发生了很大改变，他时不时送妻子一朵玫瑰，妻子衰老的脸渐渐因爱情的滋润焕发了青春；他每个月都会带儿女去游乐园，让他们充分体会童年的乐趣，他还会给千里之外的父母寄各种小礼物，给他们惊喜。汤姆先生自己，也在家人的笑容中体会到了生命的充实和丰富。

每年十一月的第四个星期四，是西方著名的感恩节，这一天，人们要对他人表示感谢。汤姆先生说，每一天都是感恩节，应该经常送小礼物给身边的人，感谢他们带给自己的幸福，表达自己的心意。在汤姆先生心中，妻子为他操持家

务,儿女为他带来欢乐,父母给他生命让他长大,都是值得感激的事。当他身边的人体会到他的真诚,也产生了强烈的被重视的感觉,于是,幸福以汤姆先生为中心开始传播。

细想我们的生活,有多少人、多少事值得我们感激?养育之恩、知遇之恩、扶助之恩……西方有感恩节,我们的国家自古就倡导"滴水之恩,涌泉相报",记住别人的好处,就要想办法报答,我们的能力有限,也许做不了更多的事,但这份心意却不能缺少。人与人的温情,往往就体现在一份微小的心意中。

一位作家曾讲过这样一个故事:

作家上学的时候,有一次在杂志上发表了一篇文章,当时物价低,稿费也低,他只得到五元钱稿酬,班上同学知道这件事后,都起哄让"大作家"请客,作家不知道五元钱能做什么,去饭店吃一顿,买不了多少东西,倒显得自己小气。

作家很快想到了一个办法,他请全班同学去附近票价低廉的电影院看了一场电影,还买了很多爆米花和雪糕发给每个同学,一场电影下来,作家还剩下一元钱,班上的同学十分开心,很多年后,还说起这次聚会。他们说这次聚会虽然简单,却明明白白地感受到了作家朴实的心意,在贫瘠的年代,这份心意为他们带来的快乐,比任何事都珍贵。

古语说:"千里送鹅毛,礼轻情意重",作家用微薄的稿酬请全班同学看了一场电影,度过了一个愉快的夜晚,让同学们在多年之后还能回忆起这次聚会,这份快乐来自作家的慷慨,也来自同学们体会到了作家的心意——当幸福属于更多的人,幸福的程度就会加倍。

随着社会的发展,人与人的关系越来越冷漠,昔日邻里之间只隔一道矮矮的院墙,经常能坐在一起话家常,如今小区的住房,邻里之间隔着厚厚的墙壁,人们甚至不知道自己邻居的名字和长相。在办公室,在社交场,无形的墙壁把每个人分割,这道"看不见的墙壁",是人们为了保护自己而堆砌的,当一个人过分看重自己，忽略他人，他们不会想到自己为他人做一些事，也不会感受到来自他人的心意。现代人总是希望"得到"，却不记得应该为他人送上一份礼物，让他人分享自己的喜悦和感激。

卢梭说："没有感恩就没有真正的美德"，同理，没有付出就没有真正的快乐，"送别人一份小礼物"，不一定是贵重的东西，甚至不一定是一个实在的东西，有时一个微笑，一句充满关怀的话，就能让心情颓废的人振作，让踟蹰的人下定决心。

有时候，一个人的善意对他自己而言，只是一根小小的点燃的蜡烛，对需要帮助的人来说，却是黑夜里唯一的明灯。感恩与赠送，都是细致的心思，使自己变得温柔，给他人带去惊喜，能够做到的人，都是生活中的艺术家，时时刻刻都在为自己、为他人播种幸福。

第三辑

幸福不在别处，在当下

哲人说,每个人的一生只有三天:昨天,今天,明天。人们追忆昨日的欢喜或悲伤,感叹逝者如斯夫,展望明日的辉煌与成就,相信有梦想就有未来。过去已经不能把握,未来还是一个未知数,唯有"今日"能够稀释过去的痛苦,奠定未来幸福的基石。渴望成功的幸福,首先要学会珍惜当下,把握现在。

你所拥有的就是最适合你的

雄鹰不能凫水,游鱼无法飞翔。

一只年幼的羚羊住在非洲草原,有一天,它对妈妈说:"妈妈,为什么我们生来就要成为狮子的食物?我们没有庞大的体格,没有锋利的牙齿,没有威武的气势,如果我们能像狮子那样该多好啊!"

妈妈说:"孩子,你不要这样想,天使对每一个生物都是公平的,你所拥有的就是最适合你的。我们没有狮子的体格,可是,我们有健壮的四肢,有敏捷的行动力,当我们在草原上奔跑的时候,最厉害的狮子也追不上我们。"

草原上的羚羊从出生那一刻起,就要开始学习如何逃跑,躲避狮子的袭击。羚羊和狮子都有各自的特点,羚羊灵活,狮子强壮,羚羊会因逃不开追捕而成为狮子的食物,狮子也可能因抓不到羚羊而被饿死。就像羚羊妈妈说的,上苍对每一个生物都是公平的,狮子有尖利的牙齿,羚羊就有矫捷的四肢——每一种生物都拥有最适合自己的特性,保证它们在自然界中繁衍生存,与其羡慕其他动物的优势,不如充分发挥自己的特长。

做人也是如此,人总是对自己不满意,个子矮的羡慕个子高的,个子高的又抱怨年老时容易驼背,不如个子矮一点。贫穷的羡慕有钱的,有钱的又嫌自己没时间享受生命,羡慕那些安乐的普通人。懦弱的羡慕刚强的,刚强的又觉得自己把自己逼得太辛苦,不如那些会低头的人生活得平顺。总而言之,人总是对自己的现状不满,羡慕那些自己不能拥有的东西。如果真把他们换过来,他们又觉得新的烦恼层出不穷,还不如以前来得快活。

这种不满意的心态来自对自我的错误认知,人们总是不愿接受现实,总在幻想一个完美的自己,他们希望自己美丽、富有、有魅力,最好世上一切好事都放到自己身上,事实却是不如意的事永远比顺意的事更多,这种心理落差导致了人的不满足,特别是经历失败的时候,失落感就会更加强烈,甚至把失败原因都归结到"因为我没有×××,才会遭受这样的结果。"始终看不到自己的缺陷和优势的人,只会离成功越来越远。

冬天刚到,杰尼被公司裁员,他垂头丧气地走在回家的路上,半个月前,妻子珍妮也因经济危机的到来失业,直到今天也还没找到工作。

走进没有地暖的屋子,杰尼将失业的消息告诉妻子,杰尼闷闷不乐,珍妮说:"我今天去看望一个富有的朋友,她是一个女强人,从前经常加班到凌晨四点,现在,她已经有了三栋房子,可是,她累倒了,最近在医院躺了三个月,还没有起色。"

"她真可怜,老天保佑她。"杰尼说。

"如果现在把三栋房子给你,换你躺在医院里,你愿意吗?"珍妮问。

"别开玩笑了,我怎么可能愿意。有什么事比健康重要?"杰尼回答。

"今天早上,房东来收房租,你见过我们的房东,是一对七十多岁的老夫妻,丈夫要由妻子搀扶才能走路,如果你从此不必交房租,每个月还能把房子租出去养活自己,却要变得像他们一样老,你愿意吗?"

"当然不愿意,没有什么事比年轻重要!"杰尼说。

"既然你知道健康和青春才是最重要的,为什么还要闷闷不乐?比起那些生病的人、衰老的人,我们所拥有的财富,不是远远超过他们吗?"

同样被公司裁员，杰尼和珍妮却有截然不同的心态，杰尼因事业的失败消沉，珍妮却认为自己年轻又健康，只要努力，就会有光明的未来。当杰尼闷闷不乐的时候，珍妮用几个对比告诉杰尼，他们拥有的东西其实远远超过那些富有却年老或生病的人。

　　每个人都有优点和缺点，这些共同构成了自己的特点，这些特点不一定最好，却一定是最适合自己的——包括故事中的那位富有的朋友，虽然她在生病，但她拥有良好的经济条件保证她恢复健康；包括那对年老的房东，至少他们有赖以生存的资产，保证他们衣食无忧。上天很公平，当生命一方面有了缺陷，就会在另一方面给予补偿，每个生命都遵循着这样的一种平衡，当杰尼和珍妮一样明白了这个道理，他就觉得生活充满了希望。

　　有人认为顺其自然是一种妥协，他们不愿意顺从造物的意志，在现实生活中，没有音乐细胞的人非要学音乐，没有理科思维的人想要当工程师，有薛宝钗风韵的人偏偏想当林黛玉。最后，硬要学音乐的人成了靠调音出专辑的三流歌手，想当工程师的人只考进三流大学，减肥过度的人被送进医院。我们首先要与生命妥协，才能和它更好地相处，接受自己并不难，一旦人们能够理智地看待自己的优点和缺点，懂得欣赏自己，就会发现自己所拥有的正是最适合自己的东西。

未来只垂青那些渴慕它的人

未来在有志者心中。

森林里发生了一场火灾,动物们忙着逃命,慌乱中,一只鹿摔断了一条腿。它听猴子说,森林深处有一个温泉,可以治疗世间一切疾病,鹿心中重新燃起了希望,它每天起床后,就不停地祈祷有人能够将它带到温泉边,治好自己的腿。

日复一日,鹿依然躺在草丛中,森林里的小动物忙忙碌碌,谁也没有时间理会它,鹿很伤心,每天在祈祷之余,忍不住抱怨没有同情心的动物。

转眼,三年过去了,这一天鹿又在抱怨,路过的一只蜗牛忍不住说:"我走路是最慢的,即使如此,给我三十天时间,我也能走到温泉边,如果你真的想去温泉,三年的时间,爬也能爬过去,为什么要一天天在这里抱怨呢?你指望谁来帮助你?"

摔断腿的鹿想去温泉治好自己的腿伤,它想到的办法不是爬行,也不是向其他动物求助,而是祈祷上天降临奇迹,或者其他动物会大发善心,主动带它去温泉。它在祈祷中度过了三年时间,每天忍受着腿疼。看不下去的蜗牛批评它太过依赖别人,蜗牛说想做什么必须靠自己的努力,不要指望谁来帮助你。蜗牛并不是冷漠,它只是想提醒鹿注意一个事实:不论是猴子还是蜗牛,或者森林里的小动物们,都无法拖动一只壮硕的鹿——鹿只能靠自己去温泉。

关于未来,每个人都有很多设想,每个人都希望自己是个幸运者,少数人确定目标,立刻动身出发,多数人却像受伤的鹿那样,等待天上掉馅饼,即使他们开始行走,也总会东张西望,慢慢腾腾,心里总存着不劳而获或者少劳多得的投机念头。

未来属于幸运者,属于勤劳者,唯独不属于懒惰者。懒惰者并不珍惜自己的梦想,他们不知道实现梦想的路充满艰辛,所以,他们会把梦想看做一件轻而易举的事,以为随便做点什么就能实现,一旦遇到困难,他们就会大受打击,连忙为自己找借口说:"看来我并不适合做这件事。"人与人的差距因此拉开。

春天的时候,两个农民种下庄稼,秋天时候,麦子成熟,他们得到丰收。

第一个农民看到堆满稻谷的仓库,心满意足,今年不但全家能吃饱饭,还能用余粮换一些银子,给妻子孩子做新衣服。

第二个农民看到堆满稻谷的仓库,凝神思索,今年留够全家吃的稻谷,其他的都要换成银子,买几只猪养在圈里,还要买几只母鸡。

第二年,两个农民又得到大丰收,第一个农民和去年一样,让全家吃饱喝足,穿上新衣服。第二个农民和他的家人都穿着旧衣服,省吃俭用地准备买几只牛羊。

第三年仍是丰收,收割后,第一个农民带着全家优哉地在田地里散步,第二个农民全家人都忙着照顾家里的牲畜。

到了第四年,年成不好,第一个农民家里吃不饱饭,他只好跑到第二个农民那里借粮,他惊奇地发现,第二个农民家盖了新房子,牲口圈占了一大块地,牛羊成群。第一个农民问:"你怎么会变得这样有钱?"第二个农民回答:"因为我曾立志成为一个富翁,我做所有事时,都想着这个愿望。"

同样是农民,有差不多的能力,面对同样的年成,一个能够成为富翁,一个却要在歉收的时候借粮度日,是什么造就了这种结果?第一个农民只追求一家老小的温饱,在他看来,每年能吃饱饭、穿一件新衣服就是好日子。第二个农民却立志成为一个富翁,为此他带着一家人省吃俭用、辛苦劳动,不到三年就有了一大笔积蓄,可见,未来只垂青那些渴慕它的人。

有时候,人们对生活的不同目标,造就了他们不同的地位,只有那些渴望成功的人才能随时随地严格要求自己,而那些安于现状的人,因为没有更高的要求,得过且过,很容易陷入困顿。一个人不去追求更好的未来,未来的路就会越来越窄,越来越难走,而那些充满理想的人,渴望不同的生活,总会有更多的选择,更宽广的路。

有人说,即使不去把握,未来也会降临,这话没错。可是,自己抓住的未来和随机到来的未来毕竟有质的区别,自己抓住的未来即使有些微的出入,也符合自己对生活的构思,而随机到来的未来,却可能是自己最不愿忍受的一种。难怪哲人们说,命运只有牢牢把握在自己手中,才能真正体会到人生的精彩和圆满。

别让快乐在抱怨中溜走

一个以自我为中心的人总是在抱怨世界不能顺他的心,使他快乐。

剧场里,观众们正在看一出话剧。

演出开始,舞台上走上四个穿着得体的绅士,他们一面聊天,一面喝着红酒,一面用类似"抱怨"的方式较劲。

"几年前,我要是能买得起一杯红茶,那就很幸运了。"第一位绅士感慨道。他的话音未落,紧接着又有人说话了:"一杯红茶?我那时候要是能够喝一口别人的剩茶就不错了。"然后,又有人说道:"我住的房子太破了,你们根本想象不出。"立刻,又有人毫不示弱地说:"好歹你还有个房子,我们家一直都住在走廊里……"

抱怨声越来越高了。"我做梦都想住走廊。过去,我们每到晚上都趁人不注意,钻进垃圾箱里。""哎呀,我们家是在地上挖一个洞,上面盖一块布来挡雨,这就是我们的房子……"

就这样,抱怨没有休止地进行着,而且越发显得没有逻辑,观众们哄堂大笑。

这是一场关于"抱怨"的演出,演出者的抱怨来自生活的方方面面,同样面对一杯茶水,有些人认为这是一杯美味的红茶,喝到嘴里温暖醇厚,回味良久;有些人只把它当成别人喝剩的茶水,无视它的甘醇。一样的生活,一样的衣食住行,有些人知足常乐,有些人总是想着不如意的一面。很多时候,人们认为"物不平则鸣",遇到困难、挫折、不如意,都想唠叨几句,宣泄自己的情绪。

我们都知道祥林嫂的故事,祥林嫂是鲁镇的女工,她曾是一个勤劳朴实的妇女,自从二婚的丈夫去世、唯一的孩子被狼叼走,她变成了一个只会抱怨"我真傻,真的"的木讷女人,她看不到自己仍然年轻,仍然可以过充实的生活;她不再认为自己是个能干的人,整天在哀怨中浑浑噩噩度日。日子久了,整个镇子的人都怕看到她,怕听到她的唠叨,甚至厌烦了这个人的存在。可见,抱怨不止让自己陷入难过的情绪,无法自拔,还影响他人的心情,让他人厌倦,多少快乐的机会就在一句一句的抱怨中匆匆溜走,再也找不回来。

深秋时节,雨一连下了好几天。有个年轻人在院子里被雨淋得湿透了,但他似乎没有察觉到这些,他只是一腔怒气地仰天大喊:"老天爷!我恨你!你已经连续下了几天的雨了,你没看见我的屋顶漏了,粮食发霉了,柴火湿了,衣服也没得换吗?你让我怎么活下去啊?我诅咒你!"年轻人怒骂了很久,但心中的怨气仍然未消。不过,老天并没有什么反应,雨还是不停地下。

这时候,有位智者路过年轻人的家,看到眼前这一切,便对他说:"你湿淋淋地站在雨中咒骂老天，过两天，下雨的龙王会被你气死，再也不下雨了！"

年轻人气呼呼地说："它才不会生气呢！它根本就听不见我骂他，就算我骂了也没什么关系。"

"你明知道骂老天没有用，为何还在这里做蠢事呢？"

年轻人哑口无言。

智者说："你与其在这里浪费气力怨天尤人，不如撑起一把伞去把屋顶修好，到邻居家借一些柴，把粮食和衣服烘干！"

屋漏偏逢连阴雨，没有柴火、粮食发霉，青年人的遭遇本来是让人同情的，但是，抱怨只是宣泄苦恼的下策，并不是解决问题的方式。就像那位过路的智者所说，骂老天是一件蠢事，不如马上撑起一把伞，让自己不再挨浇，然后借一些柴，烘干衣服和粮食——有时间抱怨，说明什么都没有做，不抱怨，则是把时间用在改变自己抱怨的东西上。

华为集团的总裁任正非曾说过这样一段话："狮子如果能追上羚羊，它就生存，如果它跑不过羚羊，只能饿死。羚羊如果抱怨不公平，那青草——羚羊的"早餐"该向谁抱怨？羚羊还能跑，青草连逃跑的机会都没有！羚羊要想活下去，只有平时加强训练，提高奔跑的速度，让自己跑得更快，即使跑不过狮子，也要比其他羚羊跑得快，只有这样才能得以生存。"

不抱怨，并不是提倡逆来顺受，在有限的时间里，比起抱怨，总有一种方法更能满足我们内心的渴求，这就是做一个积极的人，努力行动。只有行动才能在根本上改变我们的生活，改变抱怨的状况，行动者的快乐总比抱怨者更多，因为他们把不如意当成生命必须经历的过程，成功必须克服的考验，他们正在一点一滴培养自己的耐性，并享受着自己的成长。当顾影自怜的人哀叹自己的不幸，像一粒不发芽的种子一样抱怨泥土中的黑暗，勇于改变的人早已攒足精神，鼓着劲冲出土壤，沐浴在温暖的阳光下。

善待别人也是善待自己

赠人玫瑰，手有余香。

胡佛是美国著名的飞行员，有一次，他奉命进行一次飞行表演，胡佛正准备开始一个飞机倒飞的动作，突然发现飞机出现了严重故障，幸运的是，胡佛技术高超，立刻迫降，平安落在附近的平原上。

死里逃生后，胡佛检查飞机的问题，发现事故起因是飞机的机油，胡佛的飞机是老式螺旋桨飞机，加油的工人却给他加了喷气式飞机的机油。加油的工人一脸愧疚，胡佛说："谁都有失误的时候，明天我还有表演，还要拜托你。"工人感激地哭了出来。

此后，工人一直负责胡佛的飞机，维修、加油，再没有出现任何一次失误。

伟人之所以成为伟人，不只是因为他有伟大的业绩，更在于他有伟大的人格。故事里的工人犯下的错误不但低级，而且荒唐：人命关天的飞行表演，他竟然把喷气式机油加到螺旋桨飞机里，如果胡佛没能顺利迫降，一次表演将因为这个工人的粗心变为机毁人亡的惨事。面对愧疚的工人，胡佛没有大发雷霆，而是宽宏大量地原谅了他的过失。胡佛这么做是基于他对别人的理解和信任。试想，一个工人出现这么大的失误并被处罚，将会成为终身心理阴影，这个人也许会因此变得不自信，甚至出现更多错误。胡佛的宽恕，不仅让工人放下心里的石头,还让他在此后的岁月里以此警示自己。

歌德说:"人不是独立地在社会上存活。"每个人都需要面对社会,面对人与人的关系,当两个人因某种原因产生摩擦,能够理解、宽容他人的人,更容易得到快乐。因为在谅解他人的同时,他得到的是尊重和爱戴。从这个意义上来说,宽容他人就是宽容自己,善待他人就是善待自己。

生活并非一帆风顺,我们经常需要面对过失:自己的过失,他人的过失。当我们做错事的时候,心内忐忑,希望得到别人的谅解,同样的,当别人有了失误,也希望得到我们的原谅。一个生活在善意与体谅中的人,和一个生活在非难与责备中的人相比,有更高的心理承受能力,也有更多的责任感,因为他既相信他人,也把为他人负责当做责任。

陶老师是一位小学教师,近日来,她遇到了一连串的麻烦,她的胃病加重,又患了感冒,儿子屡次在幼儿园打小朋友,她心情不好,工作上也连连出现失误。这天早上,一个降级生被教务主任安排到她的班级,她还要在上课前和这位学生的家长谈话,这令她忍不住心烦。

学生来了,是个看上去羞涩腼腆的女孩,站在母亲旁边一言不发,看上去有点怕生人。"这样内向的孩子,很难立刻和同学处好关系。"陶老师想。

在把学生领去教室的过程中,陶老师发现学生几次停下脚步,陶老师问:"怎么了?"学生起初不敢说话,好久才说:"老师,我是留级生⋯⋯"学生眼睛里的惶恐让陶老师心疼,她拍着学生的肩膀说:"别害怕,在新的班级里你一定没问题!"

进入教室,陶老师在黑板上写了学生的名字,微笑地对同学们说:"这是我们班的新成员,首先大家要为她鼓掌祝贺,因为她即将拥有多一倍的朋友!"掌声响起来,学生的眼睛亮了,陶老师的心情也不自觉好了起来。一整天,她和那个降级生一样,全身充满干劲。

因生病、家庭等原因心情不好的老师,在看到新转来的学生眼中的不安,立刻想方设法地鼓励她,让她露出笑脸,这固然出于一个教师的职业道德,这份善意更来自于陶老师美好的心灵,当她看到一个人有困难,需要帮助,即使自己也在烦恼中,也会伸出援手。快乐是可以感染的,当小女孩因老师的慧心而双眼发亮,陶老师也觉得心情好了起来,充满干劲地面对工作。

帮助他人的时候心情会变好,这是每个人都曾有过的体会,所以哲人说:"给予比接受重要"。衡量一个人的价值,不只要看他的事业,他的成就,还要看他能对他人有怎样的付出,很多欧美富翁热衷慈善事业,将自己的收入回馈社会,因为他们想要感谢曾经帮助自己的人,想要更多的人分享自己的成功。

我们民族自古就倡导"仁者爱人",一个心存仁义的人,把扶助弱小当做自己的职责,把敬爱他人当做自己的义务,在他心中,善良占据了最高的位置,"如沐春风"这个成语,正是形容他给人的感觉。像善待自己一样善待他人,让自己的生命始终充满人情味,就像一阵春风,温暖自己,吹拂他人。

每一件小事都值得你去努力

做好每一件小事,就是积累明日的资本。

有一天,大师和他的弟子们一起出门,在沙漠中,大师看到一块马蹄铁,于是就命弟子们将马蹄铁捡起来。身体疲乏的弟子们认为一块马蹄铁没什么用处,都不愿弯腰去捡,大师只好自己把它捡了起来。

出了沙漠,大师在集市上用马蹄铁换了一小篮果子。等到他们再次踏上沙漠,大师每隔一段路,就会扔一个果子在沙子上,弟子们口渴难耐,只好不断弯下身捡起果子。大师见状说:"如果当初你不嫌麻烦,弯一下腰,现在就不用弯这么多次了。记住,不要小看任何一件小事。"

贪图一次便利,却要几十次弯下腰捡果子,大师的弟子们在口渴和劳累中得到了一次教训。所有大事都由一件一件的小事组成,小看小事的人,会因一时偷懒耽误自己的进程,而且,故事里的小事并不小,一块马蹄铁,可以在集市上换一篮子,在沙漠中,这是多么大的收获,门徒没有看到马蹄铁的价值,自然也就了错过一篮甘甜的水果。

有一个成语叫做"防微杜渐",说的是极小的事可能蕴藏着大灾害,要从这些小事开始防止。千里之堤毁于蚁穴,一个小小的疏忽可能导致巨大的灾难,世界上的事有千丝万缕的联系,既然不知道一件事会导致什么样的后果,还是不要轻视它,专心致志地做好为妙。

不要小看每一件小事,一个人想要出门旅行,如果他的鞋里有一粒沙子,整个旅途都会不舒服,小事就像鞋里的沙子,看似不起眼,却对人有很大的影响。同理,不要小看每一个人,人不可貌相,普通的外表下也许藏了大智慧。更不能小看自己的每一个行动,因为每一个行动都与自己的未来息息相关。

西禅寺的方丈和一位从远方来的禅师说起自己的烦恼,他的寺中有很多僧人,可是,他们身上总有这样那样的问题,不能让自己满意,他希望有个出众的弟子继承自己的衣钵。

禅师说:"我看了你的弟子,他们每天勤于诵佛,天资也算聪慧,但身上总像少了什么东西,也许你应该考虑再收几个弟子。"说罢,二人交流佛法,彻夜未眠,一直聊到第二天清晨。

二人正要安歇,突然听到寺院里传来钟声,钟声铿锵,余韵悠扬,禅师说:

"我走过这么多的寺院,还是第一次听到这么美妙的钟声,善哉,善哉。"方丈立刻叫来自己房外的弟子问:"快去看看,今天敲钟的人是谁!将他带到我这里!"

敲钟人很快被带到方丈的禅房,是一个年幼的小和尚,方丈记得这小和尚几个月前刚进寺里,平日也看不出他有什么资质。方丈问:"徒儿,你在敲钟的时候想着什么?"

"敲钟是徒弟的职责,徒弟敲钟时,心里只有这口钟,一心想让它的声音更悦耳。"

禅师说:"以小窥大方知人心,这位高徒前途无量,你可要好好栽培。"方丈也如禅师所言,收小和尚做亲传弟子,后来小和尚果然成了一代宗师。

方丈选择徒弟的标准,不在于徒弟读过多少经书,经过多少年修行,而是以小窥大,从一个人对待责任的态度上发掘本质,小和尚刚进寺庙没多久,看上去也不聪明,却和那些"做一天和尚撞一天钟"的师兄们不同,既然被分配了撞钟这个任务,就要动脑筋将它做好,才能不辜负他人的信任。小和尚的思想很简单,却正是一种生命的智慧。

很多人不喜欢自己的工作,不喜欢自己正在做的事,小事不愿做,大事做不好是他们的通病。这种病的根源在于他们对生活的不认真,马丁·路德有一句话:"一个人若以扫街为生,他的态度应如米开朗基罗绘画、如贝多芬作曲、如莎士比亚编写剧本一般严谨,这便是生活态度。"认真对待生活的人,要求自己把小事做细,把小事做透,他们会不厌其烦地检验自己是否达到要求,在这个基础上,他们能够挑战更多的事。

我们都听说过达·芬奇学画的故事,老师要求达·芬奇每天都画鸡蛋,日复一日地画鸡蛋,这显然是一件小事,但是,当达·芬奇不懈努力地琢磨着鸡蛋的形态,琢磨着构图、色彩、如何用笔表现鸡蛋的质感,他的艺术灵感逐渐被激发,终于使他成了一个举世闻名的画家。认真是一种品德,也是一种严谨的态度,它既揭示了生活的艰难,也蕴含了未来机遇。千里之行始于足下,每一件小事都值得我们努力。

不同的今天兑换不一样的明天

决定未来的不只是努力,还有对未来的期望。

一个青年从美院毕业后一直在家里画画,把他的作品放到画廊寄卖。一年到头,只有几张画有人买下,青年发了愁,跑到自己老师家请教。

"我已经努力了整整一年,还是没有几个人欣赏我的画,什么时候我能像老师一样,画出画就有人买?"

"你画一张画用多少时间?"老师问。

"一天。"

"好,从今天开始,你用一年的时间画一张画,我保证不到一天它就被买走。"老师说。

"一天画一张画,用一年卖出",与"一年画一张画,一天就卖出",会有这样的结果,关键在于作画的态度。一天作一张画的人,心态浮躁,急于求成,作品难免潦草,难免有各种缺陷;一年画一张画的人,相信慢工出细活,他们会把手中的艺术品细细打磨,让它趋近完美。看画人的眼睛是雪亮的,人们愿意买的是艺术家的心血,而不是画匠们的涂鸦,老师的话,是在告诫学生要改变自己对待艺术的态度。

态度决定一切,态度决定一个人如何进行现在的行动,也就注定了不一样的未来。成功不能一蹴而就,想要成功的人首先要放平心态,承认自己和别人的差距,努力缩短这个距离,就像故事中的青年,毕业后就希望自己的画有好的销路,这显然不合实际,但如果能端正心态,用更多时间磨炼自己的画技,焉知他日的成就超不过那位老师?

人们走路的时候,会沿着一个方向,清楚地知道自己的目的地。人们的未来却并没有固定的方向,它变动不居,随时可能改变。心怀大志的人相信自己能够把握这个方向,他们相信只要一心一意想做到某件事,未来就会逐渐清晰,而把握未来,取决于能否有效地把握今天、利用今天。

宋丽和王蕊在同一所大学读书,学习期间,她们都是老师眼中的"问题学生",她们喜欢参加各种社团活动,喜欢请假,经常逃课,成绩都不理想。

毕业后,宋丽和王蕊考研失败,一起在报社做实习记者,两个人都是新手,经常一起去跑新闻。宋丽仍像过去一样采取放任态度,王蕊却痛改前非,立志努力工作。

宋丽跑了几天新闻,就厌倦了每天不停的采访、写稿,这时她发现了一个偷懒的方法:记者这个工作时间比较自由,每天早上可以直接从家里出发去采访地点,晚上下班前回报社报告结果,交前一天的稿子,如此一来,宋丽经常借故不去采访,只用王蕊带回的资料随便拼拼稿子交给主编,主编每天都很忙,很长时间都没有发现这个情况。

一个月过去了,老实的王蕊写稿越来越成熟,采访也驾轻就熟,宋丽却还是新手水平,写的稿子越来越不符合主编的心意,实习期结束,王蕊顺利转正,宋丽被炒了鱿鱼。

在大学,宋丽和王蕊是一样的"问题学生",她们对待学习的敷衍态度让老师们头疼,自然也不会取得好成绩。毕业后面对工作,宋丽依然我行我素,王蕊却希望自己能成为一个优秀的人,她迅速改掉了大学时的贪玩,变得兢兢业业、勤勤恳恳。她知道过去已经不能挽留,能够把握的只有今天,今天不努力就不会有好的未来。一段时间后,她的想法得到了证实,她顺利转正,混日子的宋丽失去了工作。

宋丽的悲剧在于她不懂得珍惜当下,在大学的时候,她本来有机会取得好成绩,顺利考上研究生,却因为贪玩耽误了自己的前程。毕业后,她贪图安逸和享受的习惯没有改变,不珍惜工作,对待工作漫不经心。社会不是单纯的大学,社会代表残酷的生存竞争,宋丽很快就因为自己的好逸恶劳失去了工作。珍惜今天,其实就是珍惜时间,珍惜成功的机会。

仔细观察我们会发现,人的心理有一种惯性,习惯安逸的人不愿意勤快,习惯勤快的人不愿意停下来。有时候人们想要改变自己,下了决心,然后又会告诉自己"到明天,我一定改",当人们习惯把决心拖到明天,第二天他又会拖到第三天,明日复明日,明日何其多?

生命就是从今天到明天的延续过程,不同的今天兑换不同的明天,如果觉得自己的生命不够精彩,自己应该有另一种生活,不妨下定决心,立刻行动,更改今天的人,必然有能力更改明天,决定未来。

别在迟疑中错过天堂

既然是必须面对的,何惧坦然承认;既然是必须争取的,又何必迟疑退缩。

桃乐丝在树下捡到了一只翅膀受伤的小鸟,小鸟嫩黄的羽毛,滴溜溜的黑眼睛,十分可爱,桃乐丝想要把小鸟养在家里,可是,家里有个严厉的外婆,最讨厌小动物。桃乐丝把小鸟用手绢裹起来放在家门口,走进屋子里,犹豫不决地想跟外婆说话,过了很久,才鼓足勇气,吞吞吐吐地说出了自己的请求。

"虽然我不喜欢小动物,但你的爱心值得鼓励,把小鸟拿进来吧,我们为它准备一个软一些的窝让它养病。"外婆说。

桃乐丝高兴得跳了起来,急忙跑出家门,没想到,一只野猫正叼着那只小鸟快速地蹿到房顶,在桃乐丝的惊呼中,野猫已经消失在桃乐丝的视线中。

小姑娘桃乐丝心地善良,想要收养一只受伤的小鸟。她想到家里有一位严厉的外婆,不禁害怕,就没有立刻将小鸟带进屋子。在和外婆说明缘由之前,她因自己的迟疑一次一次浪费了时间,当她获得外婆许可的时候,小鸟已经被野猫叼走。她的到来与野猫叼走小鸟不过差了几秒时间,就在这短短的几秒钟,一件快乐的事变为小姑娘心中无法弥补的悲伤。

匆匆忙忙走进书店,限量版的纪念图书卖光了;快到十二点的时候才想起拨电话,接通的时候,已经错过了对方的生日日期;听说老家就要拆迁,赶到的时候,推土机刚刚动工,自家的房子已经成为废墟,错过了最后的留影机会。有时候命运喜欢开玩笑,我们与幸福常常就差几秒钟,一旦错过,就是几天、几个月、甚至长达几年、几十年的遗憾。人生的常态就是这样,迟疑会让人错过很多事,留下很多遗憾。

《哈姆雷特》是英国作家莎士比亚的著名作品,哈姆雷特是一个想要报杀父之仇的王子,但是,他在有机会报仇的时候,一次次迟疑,一次次犹豫,最后反遭奸人的杀害。迟疑有时会成为一种习惯,做一件事迟疑,对待其他事物也会习惯性地多想想、多等等,迟疑的人总是有重重顾虑,这些顾虑,也不过是他们为自己不能下定决心找的借口。

一位珠宝商人去世后,灵魂升到天堂,他发现天堂的入口很狭窄,他前面有长长的队伍,商人灵机一动,在队伍末尾大喊一声:"各位!地狱里发现了金矿!你们不去看看吗?"刚说完,在前面排队的人全都转过身,飞一样地向地狱跑去。

商人走到天堂门口,突然有些踌躇,为什么去了地狱的人都没回来?难道地狱是个好地方?让人去了就不想回来?还是地狱里真的发现了金矿?这时,看门的天使不耐烦地问商人:"你到底进不进去?"商人迟疑地说:"我还是先去地狱看看再说。"正当商人转过身,天堂大门"砰"地一声关在他身后,再也没有打开。

因为迟疑,商人永远失去了天堂。

商人原本抱定"第一个进入天堂大门"的主意,当他看到所有人都去了地狱,又觉得地狱也许有什么好处,开始怀疑自己最初的判断,这种拿不定主意的态度,就是人们常说的优柔寡断。

培根说:"优柔寡断是一种可悲的心理。"在决定事情的时候,最忌讳的就是优柔寡断,一旦犹豫,时机就会箭一样地飞走,再也找不回来。面对选择,我们需要取舍,取舍是一个痛苦的过程,想要得到一些东西,就要放弃另一些,世界上没有那么多两全其美,一味左顾右盼,只会两手空空,就像古语所说:"同时追两只兔子,一只也得不到。"

优柔寡断的深层原因，在于人对自己的不自信，当一件事需要立刻做的时候，优柔寡断的人会怀疑自己的能力，怀疑自己是否能够完成这件事。需要拿主意的时候，他们怀疑自己的判断，总担心自己是不是想错了。举个最简单的例子，在考场上，总有一些人想知道别人的答案，如果别人回答的和自己一样，他们就会安心，反之则会焦躁不安。其实，人生是给自己的答卷，看别人的答案有什么用？何况，养成了从众心理，就会因为偷懒渐渐失去自己的分析能力，因为盲从别人失去自己的判断能力，一旦一个人没有自己的想法，他只能被他人摆布，一辈子屈于人下。

时间就像列车，它有自己的时刻表，总是按时到达、按时出发，不会等待任何人，所以，它经不起任何迟疑。不论何时，优柔寡断都是在谋杀幸福的机会，所以经常有人说做人要勇敢，要有决断。宁可做错，也不错过。

别人的成功不是可以复制的

领先者和跟风者的区别就在于创新。

一个青年去音乐之都维也纳留学，他刻苦地研究巴赫、贝多芬、莫扎特等大音乐家的作品，想要有一天出人头地。但是，直到他在音乐学院毕业，他也没有任何成就。一天，苦闷的青年坐在街头喝闷酒，一位街头艺人问他："小伙子，你怎么无精打采的？发生了什么事？"

青年诉说了自己的烦恼,街头艺人笑着说:"傻瓜,世界上只有一个巴赫、一个贝多芬、一个莫扎特!人们不会承认第二个!你整天研究他们、模仿他们,怎么会成功呢?只有属于你自己的音乐,才能真正吸引别人,不要在这里喝闷酒,去琢磨自己的东西吧!你还年轻,现在还来得及!"

青年为学音乐去了音乐之都,每天钻研名家作品,直到毕业都无法形成个人风格。美国作家爱默生说:"羡慕就是无知,模仿就是自杀。"在艺术道路上,这无疑是一条真理。街头艺人劝青年从现在开始琢磨属于自己的艺术风格,是在指引他走向正确的道路。与其重复他人的节奏、音符,不如另辟蹊径,自成一格,才能创作出令人耳目一新的作品。

大千世界,每个人都渴望成功,那些已经成功的人,为人们做出了光辉的榜样,在一定范围内,人们借鉴成功者的经验,能够少走很多弯路,减少不必要的错误,可这种"拿来主义"的便利也让很多人产生了一种错觉:只要按照某位成功人士说的话去做,就一定能取得和那个人一样的成绩。而事实却像街头艺人所说,世界上只有一个巴赫,人们不需要第二个,模仿别人没有出路。不能结合自己的情况摸索自己的路,早晚要走入死胡同。

俗话说,第一个吃螃蟹的人是勇士,因为他敢于尝试未知事物,愿意为此做出牺牲。后来吃螃蟹的人,有了前人的试验,不必再承担风险,不管他们吃了多少个螃蟹,也不会有人封他们为勇士,可见,别人的成功不能复制。

美国流行淘金热的时候,青年们一窝蜂似的涌向西部,想要一夜发财。途中,他们遇到了一条大河挡住去路。那时候美国西部还没被开发,人烟稀少,既没有船、也没有桥。

很多人看到这种情况,心生退意。一天晚上,一个青年站在河边发愁,和他一起来的朋友都回家了,只有他留在这里,他思来想去,这么回家总觉得不甘心。这时,他身边有几个人感叹:"要是有条船就好了。"

青年灵机一动,去最近的城镇制作了一条大船运来,每天载淘金的人去对岸,想要发财的人很多,青年从早到晚都有乘客,很快他的钱包就满了。有一位客人对他说:"你为什么不去淘金?却要赚这点小钱?"青年微笑不语,仍旧日复一日地开船载客。

过了几年,淘金的人走了一批又一批,谁也没有淘到金子,青年却靠摆渡成了有钱人,他说:"当别人都想淘金的时候,我淘到金子的机会并不多,相反,没人愿意驾船摆渡,这才是最赚钱的事。"

淘金是一个有吸引力的字眼,在美国开发西部时期,无数青年为黄金发疯,想要在西部广袤的土地上找到金矿,历史证明,绝大多数青年都惨败而归,甚至没有找到一粒金沙。故事中的青年则不同,他在人们都需要渡河的时候开始摆渡,以正常眼光看来,一个船夫的收入远远比不上淘到几块金子。青年很清醒,当他看到所有人都在淘金,很明智地另寻出路,靠赚小钱成了一个富翁,而那些盲目从众的淘金者则一无所有。

经济学家发现,每当市场兴起一种商品,最赚钱的都是那个发起者,也就是领头羊,看到领头羊取得成功,大批商家会一拥而上瓜分这个市场,这些跟风的商家有些能够凭借雄厚的财力,靠低价赚到一些钱,更多商家只能吃一点别人的残羹冷炙,勉强维持运营。这个时候,最聪明的商家不会插手这个已经形成、接近饱和的市场,他们会去研制更新更好的产品,以做到一家独大。可见,那些跟在领头羊屁股后走的,永远也吃不到最好的草。

什么是成功之道?成功学家说,一个人想要成功,就要选择他人不曾走的路,做他人不曾想的事,也就是说,要擅长发现机遇,不要总想着别人怎么做,成功的人怎么做,要在实践中培养自己对机遇的敏锐触觉,当所有人都想着同一件事,你想这件事的反面、侧面。有与众不同的想法,才会有与众不同的前程。

不要像时钟一样机械地转动

机械的生活,说明心灵正在偷懒。

记者曾采访一个牧民,发生了以下对话:

"你为什么放羊?"记者问。

"为了娶媳妇。"牧民回答。

"为什么要娶媳妇?"

"为了生孩子。"

"为什么生孩子?"

"为了让他继续放羊。"

生老病死是人生的常态,但当人们世世代代像时钟一样重复着"放羊—结婚—生子—放羊"的循环,又让人觉得人生的悲哀,贫困地区之所以贫困,除了外界环境的原因,更重要的还是在于那里的人们愿意因循守旧,不想改变自己的生活方式,不愿"出格",不想突破,当人的心理是个封闭的圆,除了他自己,没人能够改变。

多数人的生命也像时钟一样,一圈一圈重复,到了规定的时刻,就做应该做的事,因此人们觉得无聊无趣,常常说:"人生不过如此。"也有人认为人活一世,就应该活得精彩,活得与众不同,当一个人有了志向,并为这个志向努力,他的生命就有了更大价值,他进取的过程,也是一个造福他人、造福社会的过程,而那些碌碌无为,总是说着"人生就是这么回事"的人,他们同样辛苦,同样付出劳动,却远远没有丰富的人生可供纪念,连回忆都会变得平淡而乏味。

玄奘取经回到长安后,他骑的马也成了英雄,经常在动物里开演讲会。有一次,它看到了自己的老朋友——一只灰驴。

灰驴心疼地说:"这些年来,你比以前老了,你现在瘦得皮包骨,鬃毛都快掉光了,早知道你会这么辛苦,当初真不应该去西游。像我一样,每天转转磨,一日三餐,休息的时候就在草堆里打盹,这才是生活。"

马说:"西游虽然辛苦,但这一路上,我看到了无数风景,这些年你每天都在磨房拉磨,转了一圈又一圈,看到的始终只有四面墙,这样的生活又有什么意思呢?"

人生选择的不同,会造就不同的经历和不同的结果。灰驴认为在磨房里劳动,有饭吃,有娱乐,就是幸福的人生。马却认为应该有更高的追求,日复一日地在磨房转圈,只会消耗自己的生命,毫无意义。事实上,灰驴在磨房里走了一圈又一圈,所走的路程、所付出的劳动并不比跟随唐僧西游的马少,但它们的地位显然有天壤之别,马成了人们歌颂的英雄,灰驴只能老死在磨房,除了它的主人,不会有人记得它。

人生的目的并不是为了让谁记得自己,而是要让自己认同自己,当一个人愿意为一种理想奋斗,为一项事业放弃娱乐,为一个目标全力以赴,这本身就是一种"加速",这个时候,生命的机械转动被打乱,人生出现了无数新的可能,只有在这个时候,人们才有机会改变自己、改变命运,成为一个与他人不同的人,拥有更高生命质量的人。

一个书生寒窗十数年,连个秀才都没考中,他把成堆经书扔在院子里,想要一把火烧掉。

开私塾的老先生恰巧经过秀才的院子,老先生问:"书生,书乃圣物,怎么可以烧火?"

"百无一用是书生,我用功数年,至今还当不上一个秀才,要这些书何用?"

"你告诉我,你每天怎样读书?"

"我每天都从头到尾温习这些书,我能背诵书上任何一个段落。"

"那么你有没有察觉书上有什么错误?"老先生问。

"书上怎么会有错误?"书生反问。

"尽信书不如无书,你的头脑如此不开窍,读书不肯思考,怎么能责怪书本呢?"

书生寒窗数年,没能考中秀才,所以迁怒于书本,路过的老先生点破他的迷思,告诉他做人需要开窍,不能因循守旧,只盯着书本上的知识,一句话,做什么事都需要创意。当一个人习惯了时钟一样有规律的生活,他不愿意打乱这种节奏,他的脑子就会一天比一天僵化,就像故事中的书生,看过几百遍圣贤书,却写不出一句自己的文章。

当人们形容一个认真却丝毫没有自己想法的人,第一个想到的词语是"循规蹈矩",循规蹈矩的人要求自己很严格,按照规矩,他们不允许自己出一丝一毫的差错,但是在旁人看来,他们又是最无趣的一种人,像一潭逐渐死去的水,泛不起波澜,让人没有欣赏的兴致。做人死板机械,就是停止自己的流动,把自己固定成一潭水,早晚有一天,心灵会因为封闭变得了无生气。

不要像时钟一样生活,并不是让人们打破常规,一味猎奇,那些酗酒和吸毒的人也算打破了常规,却不会比循规蹈矩的人更好。人应该过一种有规律的生活,在这样的生活基础上,试着思索自己的未来,让生活更加精彩,更有意义,才不会浪费我们仅有一次的、来之不易的生命。

你吃的是最好的葡萄

没有天生的信心,只有不断培养的信心。

一个孩子正在为未来烦恼,他对自己的爷爷说:"我没有特别的才能,也没有钱,今后我如何生活?"爷爷交给他一块石头说:"不要小看自己,你明天就去集市卖这块石头,记住,不论别人出多少钱,你都不要卖给他。"

第二天,孩子半信半疑地带着石头去了集市。开始的时候,没人注意这个卖石头的孩子,直到下午,才有一个人停下来问:"你是要卖掉这块石头吗?这块石头多少钱?"

孩子没回答,只是摇了摇头。那人好奇地问:"我给你十块钱,你卖吗?"孩子还是摇头。接下来,又有人停下来询问,不管他们出多少钱,孩子只是摇头,围着孩子和石头的人越来越多,甚至有富商专门赶过来,想看看孩子手里的石头。大家都说:"这孩子拿的是一块价值连城的宝石。"

晚上,孩子回到家,把石头还给爷爷,他终于明白,把自己当成石块的人,只能是石块,只有把自己当宝石的人,才有可能成为真正无价的宝石。

世界上的事都可以比喻做葡萄,它们只有两类:自己的,或者别人的。心理学上有一种"酸葡萄效应",说的是要对自己进行心理暗示,别人的葡萄未必好,一定是酸的,至少没有自己手中的这一串好。但是,别人吃葡萄吃得津津有味,怎么会是酸的?人们的心态完全可以更平和一些,别人的葡萄未必酸,自己手中的难道就差吗?

就像故事中的小孩捧着一块普通的石头去了集市,最后人们都认为他拿的是价值连城的宝石。石头升值的过程,正是一个人的成长过程,每个人都是从最初的不起眼、乏人问津做起,渐渐地有了自己的实力,吸引了他人的目光。随着能力的不断增强,一个人能做的事越来越多,价值越来越大,最后,每个人都可以价值连城。

当自己手中只有一串葡萄,如果自己都不重视,还能有谁来肯定?想要成功,首先要肯定自己,相信自己拿着最好的葡萄、最贵的宝石,坚持这个信念,才有可能发挥自己的潜能,一步步体现自己的价值。总是盯着自己的缺点,想着自己的不足,却不思改正,只会抱怨,只会错过自己的幸福。

草丛里住着一只小蜗牛,最近,它总是闷闷不乐。

看到蝴蝶飞过来,它对妈妈说:"妈妈,为什么我们没有蝴蝶一样的翅膀?可以在天空飞来飞去?"

看到小鹿跑过去,它对妈妈说:"妈妈,为什么我们没有小鹿那样长的腿,跑得那么快?"

想着想着,小蜗牛自言自语地说:"当蜗牛真惨,既不能飞,也不能跑。"

妈妈回答说:"这样说的话,蝴蝶和小鹿也很惨,我们蜗牛壳就是自己的家,随时可以休息,它们却没有这个便利。而且,我们的壳能够保护我们,它们柔软的身体却不能抵抗天敌们的攻击,当蜗牛又有什么不好?"

听完妈妈的话,小蜗牛恢复了自信,它认为蜗牛是世界上最幸福的动物。

当我们用自己的缺点和别人的优点做比较,就会得到自己不如别人的结论,草丛里的小蜗牛羡慕蝴蝶的翅膀,小鹿的腿,觉得沮丧。在妈妈的提醒下,它发现蝴蝶和小鹿没有它的壳,又认为自己才是最好的。比起蝴蝶和小鹿,它有一个能够保护自己的家。

　　充分发掘自己的优点和特点,一个人的自信就会在无形中积累,与其盯着他人的优点埋怨自己,不如收回目光,在自己身上发现值得开掘的东西。一个人没有好嗓子,当不成歌星,却能拿起画笔画出动人的作品;一个人没有万贯家财,却有聪明的头脑和不服输的干劲;一个人没有美丽的外貌,却有超越他人的天赋……每个人都是一笔宝藏,如果别人没来发现,就要自己努力挖掘。

　　有位哲人说:"我们对自己抱有的信心,将使别人对我们萌生信心的绿芽。"自信是一个人的内在魅力之一,有自信的人,不但自己会用积极的态度面对生活中的不如意,也更容易让周围的人信服尊重。自信也是个人能力的一种表现,有金刚钻的人,自然有揽瓷器活的决心和态度。自信就是一种信念,在心灵迷茫的时刻,有一根支柱还能支撑自己,在这根柱子上,铭记了自己对自己的肯定和信任,告诉自己:我拥有世界上最好的东西,即使我还没有做到最好的自己,我也正向这个方向努力。

梦想的路是一步步走出来的

即使要爬的是最高的山,也只能一步一步地攀爬。

美国有一位高龄老人,退休后徒步走遍了整个美国,这个消息被报道后,各国记者蜂拥到老人家中,询问他是如何做到如此困难的事,老人不理解地问:"我不明白,你们为什么要问这个问题。"

"因为在您这样的年龄是不可能做到这件事的!"记者说。

"为什么不可能?只要一步一步走,谁都有可能走遍美国,走路不就是这样吗?"

美国国土面积广大,年轻人想要走遍都要花费大量时间和精力,一位高龄老人在退休后做到这件事,在常人看来是个成就,在老人自己看来,却是件再平常不过的事,他认为任何人只要一步一步坚持走,都能走遍美国。

再长的路只要一直走,都有走完的一天,道路如此,梦想也是一样。想要成功的人都有梦想,随便走进一个小学班级,会看到爱画画的小学生梦想成为张大千、齐白石,嗓子好的想当王菲、刘欢,运动好的想成为刘翔、姚明,有人想当神医,有人想当科学家,孩子们的梦想五花八门,但谁也不敢小看他们,因为人们都相信梦想的力量,梦想是前进的永恒的动力。

可是,对于这些对未来充满期望的孩子,梦想是美好的,道路却很遥远,在途中会出现挫折,害怕困难的人退却了;出现诱惑,意志不坚定的人选了另一条路；出现压力，失败的人从此一蹶不振……梦想的道路充满艰难险阻，直升机不会从天而降，道路只能靠双脚一步一步走，在困难的时候，梦想给人的希望能够让人一次次突破自己。

英国的一位大农场主正在著名电视台做节目，主持人问道："谁是对您影响最大的人？"农场主回答："是小学时的一位老师。"

"想必是一位和蔼可亲的老师，您愿意和观众说说吗？"主持人问。

"不，她是一个固执的人，她对工作负责，但她总是不肯放下偏见。在我9岁的时候，家里很贫穷，我自己也不争气，经常考年级最差的成绩。有一次，这位老师布置了一篇作文，让学生们谈自己的理想，我当时的理想是成为一个农场主，有自己的农场和别墅。"

"您的成绩如何？"

"老师给了我很低的成绩，特意找我谈话，告诉我做人要切合实际，与其做梦，不如脚踏实地。她让我再写一遍这篇作文。"

"这次您写了什么？"

"我写的仍然是我会有自己的农场和别墅。老师很生气，在全班同学面前批评了我，说我的理想不可能实现。从那时起，我变成了一个用功的学生，在课余时间，我不和小伙伴游戏，而是到附近的农场帮他们干活，学习所有能学到的东西，等我高中毕业，不但学会了农场的知识，还靠自己打工赚的钱租下了一块地，这些年来，我一直在为小时候的梦想奋斗。我说这件事并不是责怪我的老师，相反，我要感谢她，是她让我有了现在的地位。"

主持人露出崇敬的表情说："恭喜您，现在，您已经是一个成功的农场主，不止拥有一个农场，一栋别墅。您让我们看到了成功之路虽然漫长，但只要一步接一步，所有人都能有成就。"

农场主的经历向我们阐释了这样一个道理：每个人都拥有实现梦想的力

量,梦想能够使一个贫穷贪玩的小孩变成一个成功的农场主,能使每一个普通人取得别人无法想象的成就。梦想需要坚持不懈,如果没有被老师的偏见激起斗志,发奋努力,也许他只是一个普通的英国农民,所以他感谢他的老师,因为一个人的斥责有时是另一个人奋斗的契机。

每一个人在确定梦想的时候,都会有忐忑不安的心情,谁也不知道自己的能力会发挥到什么地步,自己会做出什么样的成就,这种设想也带着对失败的担忧。但是,人没有梦想,就会漂浮不定,缺少人生目标,随之而来的就是随波逐流,看别人怎么做,自己就怎么做,久而久之,人就会变得平庸。平庸的人总爱抱怨命运的不公,抱怨自己一无所得,他们忘记造成这种局面的最初原因,在于他们首先放弃了梦想。

平庸的人放弃梦想,怯懦的人畏惧梦想,只有坚定的人才能走到最后。有志向的人却会记得,再长的路,一步步也能走完;再短的路,不迈开双脚也无法到达。面对梦想,我们首先要做的不是顾虑,而是勇敢地迈出第一步。

第四辑

我们总是忘记幸福曾来过

　　经常听到有人抱怨：抱怨事业，抱怨家庭，抱怨感情……过多的抱怨占据了心灵，也遮住了他们的眼睛，使他们看不到幸福的机会。抱怨的人总认为幸福很遥远，其实幸福就在身边，只要静下心感受，就会发现幸福来自心灵，来自对生活的感恩，对未来的期待。

影响成功的往往是一些小事

少了一个铁钉,失了一个马掌;少了一个马掌,失了一匹战马;少了一匹战马,丢了一个国王;丢了一个国王,输了一场战争;输了一场战争,失了一个国家。

东汉有一个叫陈蕃的人,他很有才华,有远大的志向,为了改变宦官专权的局面,他曾设计剪除宦官,可惜计划泄露,他反被宦官杀害。他的才干很让后人欣羡,王勃在《滕王阁序》中还写过"人杰地灵,徐孺下陈蕃之榻"。

陈蕃年轻的时候曾经历过这样一件事,有一天,一位叫薛勤的长辈前来拜访他,看到他屋子里一片狼藉,到处都是灰尘和杂物,薛勤问:"长辈来做客,你为什么不打扫一下你的房间?"陈蕃满不在乎地说:"大丈夫应以打扫天下为己任,哪有时间关心一间房子。"薛勤说:"你连一间屋子都扫不好,怎么扫天下?"说得陈蕃满脸通红,无言以对。

忽略细节,是每一个向往成功的人都曾经历的一个误区,不是所有人都懂得"一屋不扫,何以扫天下"这个道理。像陈蕃这样有才干的年轻人,自认有万丈雄心,根本不把打扫屋子这件小事放在眼里,但是,在他人看来,这个行为代表他不能照顾好自己的生活,不懂尊重长辈的礼节,甚至会有人把这件事看成陈蕃粗心大意,不堪重任。薛勤的提醒是善意的,也是尖刻的,他是在告诫陈蕃:影响成功的往往是一些小事。

人们常常向往"做大事",认为只有做大事才能实现人生价值,才能拥有真正的成功。在他们看来,人生就像造楼,需要不断添加高度。可是,一栋能够让人居住的楼房,不但需要设计师精密的图纸,装潢师独具匠心的装饰,更需要的是建筑工人一铲一铲挖出地基,一砖一瓦垒出墙壁。一个建筑工人少砌了一块砖,就可能让整个建筑坍塌,每一件事都不是小事,每一件事都可能影响事情的进展。

一家牙膏厂的产品销路不错,可是销量一直上不去,厂长急成了热锅上的蚂蚁,整天团团转。有一天,一位刚进厂子不久的业务员敲门走进厂长办公室,对厂长提了一个建议:把挤牙膏的管口拓宽 0.1 毫米。厂长连呼妙计,当即执行。

不到半年,此品牌牙膏的销售量跃上了一个新台阶。

将牙膏管口处拓宽 0.1 毫米,一个不起眼的改变,却能创造出商业上的成功,这就是被无数企业家重复的真理:决定成功的往往是一些细节。事物的关键点常常藏在细微的地方,能够掌握的人,就能轻轻松松地解决困难。生活也是如此,它是由一件一件小事累积的,你永远不会知道,究竟哪一件小事会成就你,又有哪一件小事会毁掉你。

秦朝末年,楚汉争霸,西楚霸王项羽经过数番鏖战,逐渐有了一统天下的实力,他的谋士范增看到刘邦外表恭顺,心怀不轨,就劝项羽趁刘邦还没有实力的时候,尽快将他除掉。项羽刚愎自用,认为天下谁也不能胜过自己,并不把看上去温吞软弱的刘邦放在眼里。结果刘邦招纳贤士,招揽兵马,一点一滴地聚集自己的力量,大汉逐渐壮大,最后刘邦的军队在垓下围住项羽,一代霸王落得四面楚歌、自刎乌江的下场。

对项羽来说,在强盛时候杀掉刘邦,就像捏死一只蚂蚁那么简单,但他对天下大势没有正确的估计,轻视了自己的敌人,直到临终,他恐怕还在想,为什么一只小蚂蚁,有能力逼得一只大象自尽。而刘邦则没有错过任何一个积累力量的机会,他在大象打盹的时候,一点一点啃掉了巨大的敌人。

有头脑的人不会因小事影响成功,却能用小事创造成功,他们不会错过任何一个细节,不论是一件事、一个人还是管口上的 0.1 毫米,他们相信细节的力量,擅长以小见大,积少成多,或用一个小小的结点,改变整个事情的走向。

想打开一扇大门,并不需要用尽力气撞击,只需要找到一把小小的钥匙。

换个角度,你会看到不一样的风景

凡事都要往好处想,如果你掉进一个池塘,说不定口袋里会装进一条鱼呢。

一个从乡下来的男人正骑着三轮车经过一座桥,前天晚上刚下过雨,桥面很滑,男人一不小心,连人带车翻进了河里,两岸的人惊叫着要去救人,很快,男人被拉了上来,但他的车子和车上的大包大包货物都被涨满的河水冲走了。

救他上来的人想要说几句安慰话,却见这男人哈哈大笑,围观的人惊讶地问:"你的车子和货物都没有了,你笑什么呢?"

男人说:"笑什么?我掉进河里连块皮都没伤到,这还不值得笑吗?"

连人带车翻进水中,货物和车子都被水冲走,这是一场无妄之灾。没想到当事人却能哈哈大笑,为自己没有受伤庆幸。在旁人看来,男人失足掉到河里,凭空损失了一大笔货物,是一件不幸的事,在男人看来,货物和车子被水冲走,自己却能平安无事,是走了大运。不同的视角,能得出不同的结论。

心理学家常常告诫我们:"换个角度,看到的就是不一样的世界。"就像一个乐观的人在沙漠里看到一个悲观的人,悲观的人手里端着半杯水,泪流不止地说:"我只剩半杯水,很快就要死了。"乐观的人不解地问:"奇怪,你不是还有半杯水吗?"乐观的人看到的是永远都是太阳,悲观的人却会盯住太阳的黑子。乐观的人有时固然会因为轻视困难而遭遇一些失败,但悲观的人即使成功也不会感受到喜悦。相比而言,乐观的人总比悲观的人幸福一些。

最理想的看待事物的方式应该是全面的,既看到收益也看到损失,能够全面看待问题的人往往更能把握事物的重点,也能很快抓住解决问题的突破口。当具体处理问题的时候,应该始终抱有积极的心态,比如,当两个苹果摆在面前,一个味道甜美却很小,一个很大却很酸,当只能选一个时,拿到小的,就应该想到它很甜很解渴,自己是幸运的;拿到酸的,应该想到它很大,自己也是幸运的。这就是看待问题的积极方式,也是提高幸福感的方法。

一个胖男人想要减肥,他尝试过很多种方法,包括节食、长跑、营养餐等等所有可能的减肥方式,可是,就像谚语说的,胖人喝凉水都会增肥,他的体重还是一直没有下降。

朋友看他总为减肥失败烦恼,就给他介绍了一个著名减肥教练。教练记下了他的地址,让他回家等指令。

第二天,一个苗条又迷人的女郎出现在他家门口,对他说:"从今天开始,只要你能在赛跑时追到我,我就当你的女朋友。"

胖子大喜,接下来的时间,他每天早上追着女郎在公园里绕圈,渐渐的,他的身形不再臃肿,身手日益矫健,他完全感觉不到减肥的痛苦,只有即将追到女郎的喜悦。

有一天，曾经的胖子认为自己终于能够追到女郎，按他门铃的却换成了一个胖胖的女人，女人说："减肥教练说，如果我能在赛跑中追到你，你就当我的男朋友。"

"能在赛跑时追到我，我就当你的女朋友"，漂亮女郎的承诺，原来只是减肥教练想到的最有效运动方法，虽然没有得到梦中情人，胖男人却得到了健美的身材，而且在这个过程中，他丝毫没感觉到减肥的痛苦。当一个人全心全意地追求一个目标，他的注意力全部集中在自己的目的上，不论是劳累感还是疼痛感都会降到最低，这就是心理暗示的强大作用，减肥教练巧妙地偷换了胖男人的目的，把"减肥"换成"追求女朋友"，自然提高了胖男人的积极性，困难也成了一种乐趣。

一个工人日复一日给别人砌墙壁，有人说："从早到晚把石头垒在一起，你的工作多么枯燥啊。"工人回答："怎么会枯燥？我不是在垒石头，我是在建一座漂亮舒适的房子，住进来的人会多高兴啊！"很多时候，只要换一个角度，困难就不再是困难，挫折就不再是挫折。生活在乐观者的眼光中，总是充满乐趣，充满价值。

医院里的护士经常要面临死亡，一个看护多时的病人死去时，护士的悲伤并不亚于病人的亲属，这时，她们会静悄悄地走向产房，听着产房里婴儿们的啼哭，感受新生命降临所带来的幸福。换个角度看生活，生活总有光明的一面，值得你继续努力。

赞美是世界上最动听的声音

毁灭人只要一句话，培养一个人却要千句话，请你多口下留情。

褚慧是一家广告公司的新人，聪明漂亮的她很快得到老板的重视，也让公司的同事们刮目相看，可是，公司有位上司范琳看她特别不顺眼，经常挑她的毛病，还对其他同事说她的是非，褚慧很头疼。她打电话给自己的大学老师，请教这件事该如何处理。

老师详细地询问了公司的情况，胸有成竹地说："褚慧，从今天开始，在范琳看不见听不到的地方，你就对所有同事称赞她，过不了多久，我包你圆满解决。"

褚慧半信半疑，为什么老师要自己称赞范琳？仔细想想，范琳的确很优秀，工作能力好，人也热情，就是为人有点固执，有了偏见也不会改。想开了的褚慧果然如老师教导的，经常对同事说自己欣赏范琳的为人，钦佩范琳的能力。

没过多久褚慧就发现，范琳对自己的态度和蔼多了，不但不会再随意指责她，有时还会亲自指导她的工作，褚慧大喜，她知道，自己的"赞美策略"生效了！

初入社会的褚慧，面对上司的偏见，采取了以退为进的"赞美策略"，经常对他人真心称赞这位挑毛病的上司，渐渐地，被称赞的上司改变了自己的偏见，也真的如同褚慧称赞的那样，为人好，能力好，还成了褚慧在工作上的老师，悉心指导她。

心理学家威廉·詹姆斯曾说:"人性最深层的需要就是渴望被他人欣赏。"需要他人肯定是人类的本能,除了少数天资独特、意志坚定的人,多数人并不知道自己的价值,对自己没有足够的自信,这时候,他人的赞美就成了他们了解自我的一座桥梁,人们在他人的赞美中发现自己的优点,肯定自己的价值和能力。赞美对赞美人来说,只是一句话,对被赞美的人,却是自信的源泉,一个常常被赞美的人,会对自己有更高的要求,也会勉励自己不要辜负他人的赞美和期望。

赞美别人,并不意味恭维或者拍马屁,恭维和拍马屁背后都有强烈的目的性,使用的语言往往肉麻而脱离实际,而赞美却代表了赞美者真心的欣赏或钦佩,这样的语言平淡朴实,让接受的人既能沉浸在被夸奖的喜悦中,又不会感觉别扭。只有细心观察别人,充分了解了那个人的优点,才会懂得如何赞美。

一位老妇人准备拍卖自己位于佛罗里达州的一栋别墅,这间别墅建筑风格独特,很多人慕名前来,在参观的过程中,别墅的价格被想要购买的人越抬越高,很多人提前退出了竞拍。

一个年轻人就是退出者之一,他索性不再跟随正为客人们介绍房子的老妇人,自己站在走廊,观赏墙上的挂画。

"这些画怎么样?"身后有人问,青年专注地看着画,没有回头,随口答道:"虽然这不是名家的画作,但是这画非常有生命力,色彩让人心醉,就像这栋房子给人的感觉。"

"你很喜欢这栋房子?"身后的人继续问。

"是的,当我还在附近的美术大学读书时,就经常看着这栋房子写生,我认为这是最美丽的房子,它的每个角落都独具匠心,实不相瞒,有一次我趁着主人不在家,偷偷溜进了花园,画了一下午画,那时候,我就隔着玻璃窗看到了这墙壁。"

"你说的对,这栋房子和别的房子不一样,因为它是我和丈夫亲自设计的,这些画都是我丈夫的手笔,你是真正了解这栋房子的人,我愿意将它卖给你。"

青年吃了一惊,回头一看,原来身后站的正是这栋房子的主人,青年羞涩地说:"可是,我的预算远远低于别人的出价,这个价格……"

"没关系!"老妇人打断他说:"价格并不重要的,重要的是,房子需要真正欣赏它的人。"

年轻人从大学时代就喜欢一栋房子,在得知房屋拍卖后,立刻去参加竞拍,却发现自己的财力不能承受房屋的价格。没想到,他对房屋的几句赞美,竟然让他成了这所屋子的新主人,他对房屋的了解,对房子的热爱,使房屋主人看到了一种真正的欣赏,这种发自内心的爱护比金钱更可贵。

真心的欣赏和赞美在人际交往中占有重要的位置。它能在无形中拉近人与人的距离,成为人际交往的润滑剂,赞美意味着赞同和理解,与一个喜欢挑剔的人相处,人会变得不自信,甚至厌恶自己,相反,与欣赏自己的人相处,心情会不自觉变得轻松愉快。

赞美不应该刻意为之,刻意的赞美总有牵强的成分,赞美应该自然而然,当一个人用善意的眼光看待他人,自然会发现他人的优点,这时候,只要不加掩饰地说出口,就是一句让人受用的赞美。换言之,赞美是自己对生活的发现,也是送给别人的一份礼物,它让生活与交际走向更加乐观的方向,让自己和他人都能因一句话受益匪浅。

靠得住的除了自己,还有别人

凡不关心别人的人,必会在有生之年遭受重大困难,并且大大伤害其他人。也就是这种人导致了人类的种种错误。

星期天早晨,一个小男孩正在沙滩上玩耍,他用手盖一座沙雕城堡,又想用自己的塑料铲子挖出一条环绕城堡的壕沟。挖着挖着,他遇到了一个麻烦,沙滩下有一块大石头,就在壕沟的必经路线上。

小男孩决心挖掉这块石头,可是,不论他怎样用塑料铲子挖,用手抬,用脚踢,石头纹丝不动,最后,小男孩急得哭了起来。

他的父亲走到他身边,问清状况,慈爱地说:"孩子,你为什么不用所有力量搬石头?"

"我已经用了所有力气!"小男孩说。

"不,你没有,你没有叫我来帮助你。"父亲说着,搬开了大石头,将塑料铲子塞回小男孩的手里。

小男孩要凭借自己的力量挖掉一块大石头,是件困难的事,注定要失败,但如果他请求父亲的帮助,事情就会变得轻松而简单。当一个人能力有限,又非常想做好一件事时,请求他人帮助就成了必需的步骤。人是群体动物,每个人都需要他人的帮助,孩子需要父母、需要师长、需要小伙伴,进入社会的成年人也是如此,他们想要好的同事,好的客户,好的上司,因为这些人能够帮助自己成就事业。

一个人活在社会中,应该学会请求他人的帮助,独木难成林,想靠自己一个人支撑大局的人,其实是孤立了自己,把自己排斥在他人之外,以一个人的力量对抗各种团队,他们应该培养这样一种意识:靠得住的并不是只有自己,还有身边的人。当你向身边的人提出需要帮助,别人不会因此看轻你,相反,他们会因为自己的价值被承认而对你产生好感。

请求他人帮助并不是依赖,也不代表这个人缺乏能力,相反,能够得到他人帮助正是一种极强的能力,就像跳高运动员需要撑杆,赛跑运动员需要助跑,他人的帮助,正是事业上的撑杆和助跑,这是一种"借力",帮助自己达到更高的目标,能够找到撑杆和有时间助跑的人,正是那些善于利用资源的人。

一个年轻人问天使:"天堂和地狱到底是什么样子?"天使说:"天堂和地狱都在人的心里。"年轻人摇头表示不懂,天使说:"好吧,你跟我来,我带你看看地狱和天堂。"

天使带年轻人走进一个房间,房间里有一个圆形的大桌子,桌子中央放着一锅热腾腾散发香气的肉汤,桌子旁边坐了一圈人,可是,桌子太大了,他们手里只有一根比手臂还长的木勺子,根本没法把汤喝到嘴里,所有人都在愁眉苦脸。

"这里就是地狱,现在,我带你看看天堂。"天使把年轻人带进了另一个屋子,这个屋子的摆设和刚才那一间一模一样,不同的是,坐在桌边的人会拿长勺子舀好汤,喂给他对面的人,这样一来,所有人都吃到了喷香的肉汤。

年轻人顿时明白,人与人能够互相帮助的地方,就是天堂,反之,则是地狱。

天堂和地狱有什么区别?当一个人遇到困难,有人表示同情,有人愿意帮助,这个地方就是天堂。而当一个人遭遇挫折,有人冷笑挖苦,有人落井下石,这个地方就是地狱。走出第二个房间,青年已经明白,天堂就是人与人互相关心、互相帮助的地方。

需要指出的是,帮助必须是相互的,就像天堂里互相喂饭的人们。帮助不能是单方面的。交往的本质就是互相提供服务,帮助自己与他人共同进步。时代需要共享精神,当你对其他人贡献了自己的资源、时间、精力、感情,无形中也促进了自己的成长,增长了自己的见识,交往只要遵循一种良性的愿望,结果就会互惠互利。

还要注意的一点是,一个人应该在特别需要的时候请求他人帮助,而不是一直让他人为自己服务,因为别人不是你的劳工,每个人都有自己的事,不能无限制地满足你的要求。此外要掌握好求助的分寸,如果提出了别人根本做不到的事,只会让别人和自己都感到难堪。

接受的所有的帮助都应该铭记并报答,因为这些帮助出于他人的善意,必须要回馈。一个懂得感恩的人,在请求他人帮助的同时,也能够体谅他人的难处,对陷入困难的人伸出援手,人与人就是在互相信任与理解,扶持与共进中,走向各自的成功的。

人心如水,清时甜浑时咸

看待事物的角度不同,决定了人们对幸福的不同触感。

一年前,洪军来到一家汽车修理厂工作,与他同时进入修理厂的还有其他几个老乡。洪军高中时成绩不错,因为家境不好没读大学,他一直想在大城市里做出一番成绩。但是,从进入汽车修理厂的第一天开始,他每天都在抱怨:"这个工作真是脏,每天都弄一身油。""这根本就不是人干的活……"洪军说自己仿佛回到了奴隶社会,每天出卖苦力维持生活。

洪军越是认为这样的生活是一种煎熬,对工作就越提不起热情,他时刻都注意上司的一举一动,稍有机会就会偷懒。他的老乡们整天跟在师傅的屁股后学东西,在洪军看来,这些人不会有什么出息。

一年的时间很快过去,与洪军一同进厂的几个老乡手艺都有所长进,涨了工资。还有一个老乡被送进夜大进行深造。只有洪军还整天沉溺在怨声载道中,没有任何长进。年终的时候,老板认为洪军不适合在修理厂工作,通知他不必再来上班。

洪军的故事似乎每天都在上演,生活中有很多洪军这样的人,他们志大才疏,眼高手低,每天都在发泄自己的怨气。有些人只是嘴上说说,有些人则会像洪军这样,把"理论"上升到行动。洪军最初只是抱怨修理厂的工作太累,后来演变成偷懒,最后因为工作态度不好被老板解聘。洪军的老乡们和他完全相反,他们每天卖力工作,同时也学到了更多的技能,不到一年,就得到了加薪和进修的机会。

洪军和他的老乡都希望靠自己的能力得到更好的生活,结果截然相反,由此可见,成功的关键在于心态。如果一个人总是抱怨外界环境,不检讨自己身上的不足,只看到外界的不好和自己的好,就很容易变成一个无能的唠叨鬼,永远在原地踏步。反之,如果一个人承认自己的不足,努力适应环境,缩短自身与他人的差距,他就能很快取得进步。梦想与现实,想要的结果和此刻的现状之间,总有着看似不可逾越的距离,这个时候,如果不能端正心态,直面困难,反而退缩,满腹牢骚抱怨,距离就会变成鸿沟。

有时候,人与人并不站在同一条起跑线,有些人天生聪明,有些人比别人漂亮,有些人有好家庭,他们得到的机会比其他人更多,对普通人而言,这是个让人沮丧的事实。有人把这些差距归结为"命运",更甚者,有人把自己的失意也推给"我不如别人命好",事实上,成功的路是自己走出来的,和别人无关,眼睛盯着别人的人,忽略了自己的方向,耽误了自己的时间,这就是心态不端带来的损失。别人如何和你有什么关系?别人有的,你同样可以拥有。

有一个天使问上帝:"人间每天有那么多人对您诉说心中的抱怨和仇恨,您却总能心平气和,请问您是如何做到这一点的?"

上帝说:"你去取一滴水来,尝尝它的味道。"

天使奇怪地想:"水有什么味道?"但他还是照办了。

"现在你把一滴水放进沼泽,再尝尝味道。"

天使发现,放进沼泽的水变苦了。然后,上帝又命令天使将水放进臭水沟,水变臭;放进沙漠,水被蒸发……最后上帝说:"现在,你把它放进流动的泉水里。"

当天使取出那滴水,发现它已经变成了泉水的甜味。

上帝说:"灵魂是水,把它放在什么样的环境,就有什么样的味道。"

灵魂是水,把它放入沼泽,它会因泥沼的沾染变苦;放进臭水沟,它会被污染得失去本来味道;放入沙漠,它会消失;只有放在泉水中,才能变得清甜。一个人快乐与否,取决于他的心境,取决于他如何放置自己的灵魂。

托尔斯泰说:"幸福的家庭都是相似的,不幸的家庭却各有各得不幸。"我们也可以说,幸福的人都有相似的心境,不幸的人各有各的心病。同样是贫穷的人,有人甘于清贫,过着安乐的生活;有人投机倒把成了富翁,每天为得到更多的财产忧愁。到底他们谁更快乐一些?答案很清楚,因为金钱买不来快乐,快乐来自心灵,一个穷人知足常乐的生活好过一个富人整日的愁眉苦脸,何况,穷人能够靠自己的双手成为富人,过上更好的生活。

面对生活,有人把对他人、对自己的不满堆积在心里,这些不良情绪酿出苦水,有人藏不住说出来发泄,就成了吐苦水。苦水只会越吐越多,越吐越苦。而有人有平和理性的心,遇到争执时,他们能体谅别人的心情,遇到困难时,他们首先想到自己的不足;遇到痛苦时,他们想的是自己拥有的幸福。于是他们的心就像不断喷涌的泉水,永远散发着活力。

人心如水,当心灵清亮的时候,它就能够浸润甜美,当心灵浑浊时,它就变得苦涩难当。人生一世,生活在甜蜜的糖水中,还是生活在抱怨不止的苦水中,这是一道再简单不过的单选题。选错的人,没有资格埋怨自己不够幸福。

不要垂涎那些"看上去很美"的东西

十全十美的事物只存在于幻想中。

一个独身了一辈子的男人上了天堂,天使问他:"你是一个优秀的人,为什么一直独身?"

男人说:"因为我一直想娶一个十全十美的女人,我希望她有完美的相貌、完美的性格、完美的才能、完美的……"

"等等!"天使打断他:"完美很难达到,但世上还是有这种女人的,难道你活了70多年,连一个这样的女人都没找到?"

"我找到过一个。"男人说。

"那你为什么没追求她?"

"我追求了,但她拒绝了,她说她要找一个完美的男人。"

有句话说:"不肯留下遗憾的人,有时比任何人都遗憾。"在择偶问题上,男人希望得到一个十全十美的妻子,十全十美的女人却告诉他:"我正在找一个完美的男人。"换言之,男人不完美。也许正因为自身的不完美,才想要追求一份完美的东西来弥补自己的遗憾。这种心理,来源于对生活的不满足与对自己的不满意。

这个世界上究竟有没有完美的事物,恐怕谁也说不明白,海洋对鱼类来说是完美的,却无法灌溉森林,事物的多面性注定了它不能让所有人满意。我们的生命也是如此,即使在方方面面做出了努力,达到优秀,却总有人觉得不够好,不够完美。就像故事里追求完美的男人,在天使眼中,他很优秀,但在完美女郎眼中,他不符合标准。

人之所以得不到完美,是因为世界不是依他的意志创造的,或者说,上天是公平的,给了 A,就不能给 B。聪明的人谈到爱情,会说他们要找的不是最完美的,而是最适合自己的。爱情如此,人生也是一样,适合自己的才是最好,费尽心思寻找一件高高在上的东西,一辈子仰望,不如让身边平实的幸福环绕在左右。

从前,有位渔夫终年以打鱼为生,有一天,他从海里捞到一颗晶莹剔透的大珍珠,他对此非常喜欢。但是正当他拿着偌大的珍珠沾沾自喜的时候,却发现了美中不足的是:在这颗珍珠上面有个芝麻大的黑点,这让那颗珍珠显得有些不完美。

于是渔夫就想:"如果把这颗黑点给去掉,它一定就是世界上最完美的珍珠,到那时候它将变成无价之宝。"

于是,渔夫就开始想方设法抹去那个黑点,可是万万没有想到,每当他剥掉一层,那颗黑点还在,于是只好接着再剥一层,可黑点还没有消失。就这样,一颗漂亮的大珍珠被他一层层地给剥掉了。

到最后,黑点确实是没有了,不过那颗珍珠也已经没有了。

当渔夫一层一层地剥着珍珠,幻想它即将完美无瑕时,珍珠已经不断变小、变丑,一颗珍珠具有与生俱来的黑点,正是它的特质之一,一旦这个特质不存在,珍珠本身也会消失。完美主义有时是一种病态,会让人在不知不觉破坏本来很美的东西。

法国卢浮宫摆放着举世闻名的维纳斯雕像,长年以来,很多学者、艺术家想要复原维纳斯的断臂,让世人看到这座雕塑完整的样子。专家们为维纳斯的两条手臂想了各种各样的形态,有的说一条手臂要挽着裙裾,有的说一只手要握着苹果,有的说双手要捧着花环,他们希望为两条手臂构想出最美的姿态,他们的争论至今没有结果。但对观赏者而言,维纳斯断臂的姿态就是她出土时的本来面目,也是她最美的姿态,为什么后人要牵强附会地为她加上的"完美手臂"呢?

丘吉尔说:"完美主义等于瘫痪"。过分追求完美,就给自己的生活加了一道紧箍咒:做任何事都要催促自己"做得更好一点",一旦达不到自己满意的结果,就自怨自艾,认为自己做的事没有多少价值,纯属浪费精力。

正视不完美,我们虽然不完美,却是世界上独一无二的存在。

不要冒犯身边的人

当他横冲直撞地走过人群,他冒犯了别人,也不得不忍受别人的冒犯。

林元是一家公司的优秀职员,平时喜欢摆资历,经常看到她训斥新人。她与同事关系不好,动不动给同事穿小鞋,或者联合一些同事打压某一个人,久而久之,大家对她敬而远之。

一次,经理分配了一项重要任务,这个任务如果成功,会得到不错的提成,可是,没有人愿意和林元合作,员工认为林元为人挑剔,不好相处,还喜欢和人耍心眼。经理不得不撤下林元,改由其他人负责这个工作。林元的处境越来越差,年底的时候她被辞退。

林元不明白能力出众的自己为何会落到这个下场,她找经理理论,经理语重心长地对她说:"在公司里谁都会得罪人,但没有人像你这样得罪所有人,如果你今后不能注意这个问题,还会面临辞退。"

林元会为自己抱不平,在于她认为自己是一个优秀的员工,为公司作出过很多贡献,不应该被辞退。经理一针见血地指出她的问题:得罪的人太多。同事之间的关系应该互敬,不小心冒犯别人已经是个祸患,林元明目张胆地得罪了公司里那么多职员,有人会借机报复她,有人会拒绝与她共事,公司考虑到团队团结,只好把业绩优秀的她开除。

现代社会是一个人际社会,交际在很多时候都有至关重要的作用,好的人缘不但可以让自己得到更多的资源,更多的帮助,让事业更加顺利,也能使自己和他人保持愉快的心情。反之,一个人如果冒犯他人,招致他人怨恨,自然会给自己的前途增加不稳定因素,还可能因他人报复蒙受损失。总是冒犯别人的人难免被排斥,做什么事都觉得举步维艰,四处碰壁,所以人们常说,与其给自己制造一个敌人,不如给自己交一个朋友。

N市有一家大型羽毛球馆,休息日的时候很多市民去健身。去打球的人经常随机找球场的其他顾客对打。这一天,两对夫妻正在进行双打比赛。一个服务生应他们的要求当了裁判。

比赛开始的时候,双方你来我往,打得很快活,没多久,其中一对夫妻就吵了起来,丈夫怨妻子动作慢,妻子怪丈夫没有拦住简单的发球,两个人好不容易才熄火。又过了十几分钟,另一对夫妻也开始争吵,吵架的内容大同小异。

服务员打断他们的比赛,对四个人说:"依我的经验,你们可以交换搭档。"四个人依言而行,方才怨妻子动作慢的丈夫会对自己的搭档说:"没关系,这个球来得太快,接不住是正常的。"而怪丈夫的妻子则对自己的搭档说:"不用着急,失了一球而已,我们很快能追上。"在这种氛围下,四个人继续比赛,感觉十分愉快。

两对夫妻打球却在球场各自吵架,有经验的服务生劝他们拆开组队,四个人很快进入状态,打得十分开心。因为聪明的服务生知道,男士对陌生女性会发扬绅士作风,不会指摘女性的失误,相反会对他们宽容维护;女性呢,面对陌生男性会不自觉显露淑女的一面,而且会下意识地发挥女性的温柔特质,即使对方做得不好,她们也会称赞鼓励对方。

对自己的另一半挑剔指责,对陌生人体贴周到,这件事听起来似乎不可思议,却在每一天都会发生。"不冒犯人"是很多人的共识,但这个"不冒犯"的范围并不包括自己最亲近的人,比如父母,比如夫妻,比如要好的朋友。因为谁都知道,冒犯人要倒霉,冒犯亲近的人却不会有什么后果,人们对陌生人愿意礼貌客套,对自己人则是大呼小叫,横加指责。

实际上,"自己人"才是我们最应该付出耐心与关怀的人,对亲近的人礼貌并不是虚情假意,而代表了对对方的尊重,对亲近的人的耐心,正代表了对对方的重视,亦舒说:"人们日常所犯最大的错误,是对陌生人太客气,而对亲密的人太苛刻,把这个坏习惯改过来,天下太平。"所以,一个人的理想人际状态应该是这样:不要冒犯身边的人,爱护一直在自己身边的人。

适可而止是一种智慧

超过所需就是太多；凡事适可而止。

战国时候有个著名的乐师，经常被各诸侯国的贵族们请到自己的家中表演。一次，乐师为赵国的一位公子演奏，公子听得如痴如醉，对乐师说："如果每天每夜都听到这样的音乐，人生会是一件多么惬意的事。"乐师摇摇头说："如果每天每夜都听到这音乐，您就会厌烦得想把我赶出赵国。"

"这怎么可能！"公子不信，乐师好："好，那我们打一个赌吧，我一直演奏，您一直听，如果您能听足七天，我今后就不再离开您的府邸，只做您的乐师。"

"好！"公子一口答应说："如果我不到七天就厌烦了，我就送您三百亩良田！"

于是，乐师开始为公子奏乐。第一天，公子觉得自己好似到了天上，听到了仙乐；第二天，公子开始有些浮躁；第三天，公子觉得乐师吵得要命；第四天，公子咬着牙拼命忍耐；第五天，公子受不了了，他对乐师说："请不要再演奏了，我这就送您三百亩良田！"

再美的音乐，如果不间断地听，也会变成难以忍受的噪音；再好吃的食物，吃得太多，味道也许还比不过一碗泡面；再美的事物，一旦吹毛求疵，总能发现毛病，让美丽变成不美。真正的美就像古文中写的"东家之子"："东家之子，增之一分则太长，减之一分则太短；著粉则太白，施朱则太赤。"真正的美不多不少，恰到好处。

　　想要得到恰到好处的结果,就要懂得适可而止。像故事中的公子,如果他只听一次乐师的演奏,这曲子在他心中就会变为天籁一样的回忆,如果他连续听了好几天,不但曲子成了噪音,最初的美好感觉也被破坏,可谓得不偿失。在现实生活中,我们也常常遇到这样的情况,明明已经得到了足够多的东西,还是觉得不够,于是陷入了贪婪;明明做事做得已经很完美,还想更上一层楼,于是陷入了偏执……事物一旦超过限度,就会走向反面,很多心理上的问题都来源于"过度"。

　　过犹不及,事物处于恰到好处的状态是最完美的,就像一个杯子,水如果倒在恰当的刻度线上,就会解渴,如果超过这个刻度,多余的水就成了一种浪费。我们的生命常常像这么个杯子,尽可能塞进东西,结果却是一种浪费。所以,人们必须懂得克制自己,懂得适可而止的重要。

　　从前,有一个以打鱼为生的人,和他一起出海打鱼的同伴,只为了多打到几条,每天都累得浑身酸疼。而他每天只打一条鱼,并且打到的那条鱼刚好可以满足他一天的吃喝。

　　打到鱼后,他就会躺在岸边晒太阳,一边望着天上的白云一边哼着小曲,一副悠闲自在的样子。有一天从远处走来了一个商人,上前对他说:"老哥,我觉得你应该再多打几条鱼,然后可以把剩余的卖掉,这样你就会有一笔存款,等钱存足了就去买一艘渔船,然后再开着船去打更多的鱼……"

　　"然后呢?"渔夫问商人。

　　"然后,你一定会赚到很多很多的钱,不用再下海打鱼了,每天都可以到海边来看白云,唱歌……"

　　"难道说我现在做的不是这些吗?"渔夫反问道。

　　"如果按照你刚才说的去做,或许有一天我会赚到足够的钱,不过恐怕到那时,我已经没有时间来来做现在的事情了!"

在商人看来,不想赚更多钱、一天只打一条鱼的渔夫是个傻瓜,在渔夫看来,辛辛苦苦赚钱,到老才有时间在海边看风景的商人的脑子才有问题。以生存的眼光,渔夫的确没有考虑到生病、年老这样的问题,商人呢,他日复一日地赚钱,实际上远离了他想要的生活,等到他老到不能动,和他做伴的只有一堆钱,和不是蓝天碧海,这个时候,他也许由衷地羡慕那个自由自在的渔夫。

适可而止是一种智慧,在生活中更是如此。月满则亏,水满则溢,有些人对生活总是有诸多要求,能力却有限,当一个人的实际能力远远不能达到贪欲,痛苦就会产生,而当一个人的能力与追求刚好平衡,这个人在各方面都会取得不错的成绩,只因他懂得何时出手,何时放手,何时前进,何时功成身退。

做过菜的人都有这样的经验,食材放进炒锅,如果不翻炒,就会味道不均匀,影响食用,但如果翻炒过度,又会炒烂,同样影响食用。做人做事就像烹饪,火候、调味、翻炒蒸煮要恰恰好,才能得到他人的称赞。得到太少,会失去价值,得到太多,又会变为拖累,人生就是这样,关键在于你如何把握其中的"度"。

想与天使为伍，你不能是恶魔

善良是联结社会的金链。

马上就要毕业了，王鹏不知道象牙塔外的世界究竟是什么样，大学期间，不断有人告诉他："社会很复杂，每走一步都要小心。"从此王鹏对社会产生了莫名的恐惧感，他担心以自己的能力，无法适应这个社会。

为了今后能够不吃亏，王鹏买了一堆诸如《厚黑学》《如何经营人际关系》《处世的智慧》之类的书籍，通过阅读，他认为工作后，只有不能相信任何人，做事要留后路，对工作要有所保留，时刻记得为自己打算，才能在这个竞争激烈的社会站稳脚跟。

等到王鹏终于开始工作，他天天都在提心吊胆，总怕被人陷害，怕被老板抓到小辫子，怕和同事聊天，渐渐的，他成了公司的异类，独来独往，没有人愿意和他接近，也没有人愿意与他合作。同事们评价他说："他好像总怕我们坑他，还是离他远点吧。"

害怕复杂的人际关系，是社会新人的共同心病，他们还没有进入社会，就先把社会当成了野生动物园，以为到处都有青面獠牙的吃人怪兽，这其实是一种误解。社会固然复杂，人心固然难测，但那只是社会、人心的一个方面，同事之间有竞争，但同事之间也有友爱的一面、合作的一面。老板喜欢挑毛病、找问题，但他也是希望员工加速成长，变得更有能力。如果王鹏想问题的角度能够乐观一些，他不会成为一个任谁也不想接触的异类。

有一个成语叫做"以己度人"，经常被用于指责一个人心胸狭隘。但事实上，一个人经历有限、学识有限、眼光有限，难免会以自己的想法去猜测别人的行为。所以，善良的人看世界上的人，会觉得每个人都是好人；心怀不轨的人看身边的人，会觉得每个人都包藏祸心。就像鲁迅说《红楼梦》的读者："同样是一部红楼梦，易学家看到的是经，道学家看到的是淫，才子看到的是缠绵，革命家看到的是排满。"

每个人都是一本书，其精彩丰富的程度并不亚于《红楼梦》，如果以世故的心态去解读，那世界就如萨特所说："他人即地狱。"但在一个心地温和、品格贤良的人眼中，每个人都有自己的长处和缺点，没有人十全十美，也没有人一无是处。同样一个人，有时只因环境心态的不同，想法就会大相径庭。

古时候有个人叫智子，有一天下了暴雨，智子家的院墙即将被暴雨冲垮。智子的儿子对父亲说："墙要坏了，这个时候，一定要注意防盗。"刚巧邻居有个老人路过智子家，也关心地对智子说："墙壁坏了，千万要小心遭贼。"

第二天早晨，智子发现家里丢了很多东西，他立刻明白，昨晚有窃贼跳过坏掉的院墙进了他的屋子。智子夸奖自己的儿子有先见之明，对邻家的老人，他满腹怀疑，总觉得偷东西的就是这位老人。

这是《韩非子》中一个有名的故事，叫做《智子疑邻》。这故事还有另一个改编版，说智子家的斧头丢了，他认为是邻居家的小孩偷的，他偷偷观察那个小孩，觉得小孩的一举一动都像一个小偷。过了几天，智子在砍柴的地方找回了他的斧头，他再看邻居家的小孩，觉得他的一举一动都不像一个贼，只是一个正常的小孩。

由此可见，一个人的心态非常重要，在没有事实证据的情况下，判断力的关键不是别人做了什么，而是自己想了什么。在任何时候都不可以小看人的心理作用，它能够左右一个人对事情的理解，如果一个人长期对他人抱着戒备和敌意，他会不可避免地在偏见中越走越远，变得冷漠自私。

其实，人与人的关系很简单，想要别人对自己友好，自己首先要对别人报以善意的微笑，心中向往简单温暖的人际关系，自己首先要相信他人，即使因此受到一些伤害，也只是吃一堑长一智，培养了自己的分辨能力。人与人的关系是相互的，当你付出足够多，总会有收获。换言之，如果不能保证自己不是一个心怀恶意的恶魔，怎么能生活在天使中呢？

有修养的人总是对别人怀着永恒的尊重

不知道他自己的尊严的人，便不能尊重别人的尊严。

法国一个小镇有一天来了个流浪汉，他看上去走了很多地方，衣衫褴褛，肚子饿得咕咕叫，他向过路的人乞讨，路过的人有的赶快绕道走开，有的扔了一点钱打发他。

一个老太太看到了流浪汉，翻遍了身上的口袋，没有翻出一分钱，她很抱歉地对流浪汉说："对不起，我跟你一样……"说着指了指空空的钱包。

没想到的是，流浪汉对老太太鞠了一躬，他说："谢谢您，只有在您身上，我看到了真正的尊重。"

每个人都渴望得到他人的尊重，即使路边乞讨的流浪汉也一样。常言道"尊严无价"，一个人的尊严正代表着一个人的价值，一个流浪汉不会记得每一个扔给他硬币的人，但对那个愿意以平等的态度和他说话的人，却能够一直记得。

同样是鞠躬，发生在民国时期的一件事也值得我们深思。1917年1月，蔡元培出任北大校长。蔡元培到校的那一天，整个学校的工友都列队在道路两边，向他鞠躬，这时蔡元培走下马车，摘下西式礼帽，也对这些杂工深深鞠躬。北大是当时中国最高等的学府，新校长没有高高在上的官僚姿态。这种平等的心态为中国教育界吹进了一股新风，也难怪北大很快就变成了一个"兼容并包"的大学府。

古语说："尺有所短，寸有所长"，在懂得尊重的人眼中，没有三六九等，只有人人平等。每个人都有自己的长处和优点，尊重别人，正是尊重别人的闪光点。尊重会和包容相伴而行，尊重了他人的优点，也意味着愿意包容他人的缺点。

一个总是笑话别人、揭别人的短处、用言语行动贬低对方的人，只会换来别人的仇恨和敌意；而真诚待人，包容他人缺点，喜欢赞美对方的人，则会换来别人相同的友情。人与人的关系有时很像回声，你对着山谷笑，回声也是笑声，对着山谷大骂，远处也会回敬同样的恶言恶语。想要得到别人的尊重，想在别人的心目中变得重要，首先要要求自己尊重他人，人与人的相处，倘若能够牢记对方的好，遗忘不快，他们的关系就会到达一种境界，而在现实中，人们往往气量不够，总是记着别人对自己的冒犯，而不是付出。

尊重他人，要以感恩的态度面对他人的付出，有些人不懂得尊重他人的付出，认为别人为自己做的事都是自愿的、理所当然的，这种想法来自于这个人内心的自私。但是，互相尊重是人和人交往的前提，平等是人和人交往的基础，一个人长久地付出，另一个人却不懂得回报，感情的天平就会失衡，结果导致二人关系的瓦解。

尊重他人和尊重自己应该同时进行，一位苏联教育家说："没有自我尊重，就没有道德的纯洁性和丰富的个性精神。"一个不懂得发掘自己的优点、尊重自己的人，自然没有能力理解他人，而一个懂得自尊自爱的人，才能用高标准要求自己，其中，便包括尊重他人这项美德，他们会对身边每一个人投以礼貌的微笑，对身边每一个善意的举动说声"谢谢"，对他人的优点报以敬意。尊重其实是一种习惯，有修养的人，总是对他人怀着永恒的尊重。

幸福是当好一个普通人

只有平凡的人生才是真正的人生。

一位国王正在御花园散步，他看到千姿百态的花朵，高大笔直的树木，还有来自异国的奇异植物，不由怜悯地看着脚下的小草说："被种在这样一个花园，你一定很难受吧？"

"我为什么要难受呢？"小草问。

"其他植物都有人欣赏，没有人理会你，你不难受吗？"

"完全不会。我只是一棵小草，长在这个花园，我每天能得到充足的阳光和水分，还有这么多各有特色的朋友，我觉得自己是世界上最幸福的小草。"

国王在美丽的花园散步，看到千姿百态的花朵，他同情一棵无人注意的小草，没想到的是，这棵小草能够自得其乐，在花园里生活得快快乐乐。以世俗的眼光来看，不能得到他人的称赞，不能得到更高更好的待遇，都是让人沮丧的事，小草却认为自己能够活着，拥有阳光雨露滋润，还有朋友做伴，是世界上最幸福的事。

小草之所以觉得幸福,在于它对现状的准确认知和对命运的感激。哲人说,"人们的一切痛苦都来自不切实际的需求",这句话也可以理解为"人们的一切幸福都来自对现状的满意"。倘若小草不甘平凡,整天羡慕着那些拥有美丽花瓣和叶子的鲜花,它自然会怨天尤人,不满自己竟然是一棵微不足道的小草,在这个花园里没有任何地位。如果这样,渐渐的,它的生活就会被怨气和烦恼占据,就不会有信心在国王面前昂起头,说自己是幸福的小草。

杨蕾曾经是国内著名芭蕾舞团的一位挑大梁的芭蕾演员。一次意外,她的一只腿出现了骨骼问题,医生诊断说,杨蕾的腿伤不会影响正常的生活,却不能再进行芭蕾这种高强度的舞蹈。一夕之间,杨蕾从舞蹈家变成了一个家庭主妇。

人们都认为习惯了喝彩和掌声的杨蕾一定会受不了平凡的生活,杨蕾自己也这样认为,她告诫自己说:"从前我是个舞蹈家,但同时我也是个普通人;现在我是一个家庭主妇,仍然是个普通人,我没有什么变化。"

渐渐地,杨蕾发现了很多过去没经历的乐趣,过去的她没有时间逛街,不能吃高热量的东西,没空看有趣的书籍,因为舞团日程安排很紧,她和丈夫打电话都要节约时间。现在,她有了空闲随便散步,想吃什么就可以吃什么,想做什么便可以做什么,和丈夫的交流时间也比以前多得多,夫妻感情越来越好,几年过去了,来采访她的记者并没有看到预期中的唉声叹气的艺术家,而是一个笑脸盈盈的女人,杨蕾说:"人们都害怕普通,其实,当好一个普通人,就是最大的幸福。"

俗话说,有失必有得。因骨骼问题不能继续跳舞的杨蕾,退出舞团后发现当当一个普通的人没什么不好。没有人再会留意她的一举一动,没有人再会纠正她的爱好,她有时间享受每一个平凡女人都能享受的幸福:恬淡的心情,温馨的家居生活,甜蜜的爱情,只有在这种"普通"的氛围中,她才是最真实的自己。风光有风光的好处,普通也有普通的乐趣,人生只要用心去体会,总能寻找到一种与生活和平共处的最佳模式。

小学生春游的时候,每个孩子都会带妈妈做的盒饭,其中一个孩子的饭菜飘出的香味吸引了整个班的学生,那个孩子一边将自己的炸虾、肉丸、青菜分给同学,一边享受同学们羡慕的目光,其实,这个孩子的妈妈只是个普通的下岗女工。由此可见,每个人都是这个世界上独一无二的存在,即使在普通的生活中,一样可以放出自己的光彩。

有一群游客去法国参观一个花园。

随行的导游小姐说:"这里之所以有如此美丽的环境,完全归功于一位老年花匠。"于是,一名丹麦游客去拜访了那个老花匠,决定高薪聘请他到丹麦去发展。可是,这位老花匠却说:"我在自己的国家生活得很好,我很爱我的工作,我不想离开这里。"

游客最后才知道,这位令人钦敬的老人就是法国前总统密特朗。

一位总统退休后,没有忙着演讲或做生意,而是当了一个普普通通的花匠,修建了一个众人交口称赞的花园,这种淡泊的心境,令很多人望尘莫及。从法国最高领导者变为最普通的劳动者,能承受这样的差距,说明密特朗先生是一位生活的智者。

很多人会把自己的价值建立在他人的称赞上,希望自己变得优秀,事实上,优秀的人虽然不少,但绝大部分人都是普通人,再优秀再风光的人,也会有变成普通人的一天:捧金夺银的奥运选手有退役的一天,权倾一时的官员有退休的一天,家产万贯的富翁有离世的一天,所有人最后都免不了成为普通人。

仔细想想,普通人的生活并不差,平凡的生活中虽然有很多不如意,但胜在平和充实,何况,每一个普通人身上或多或少都有闪光点,这也成为他们生活中值得自豪的事。做一个普通人,让别人刮目,为自己喝彩。从一个普通人做起,洗尽铅华之后,如果能认同自己"普通人"的身份,用心体会平凡生活中所蕴含的冷暖温情、雅趣逸致,做回一个普通人,生命就成了一个完整的圆,这才是最美的状态。

　　一个人倘若愿意承认自己"普通"，他对自己、外界环境便不会有过高的要求，他能够平静地对待生活中的得与失，那正是人生的常态。当一个人为自己拥有的东西感到满足，对自己得不到的东西并不气恼，他的幸福感自然会持续升高。

　　不论自己身在何处，处于何种地位，都能记住自己只是个普通人，努力当好一个普通人，就是人生的一种圆满。因为，知足常乐，是幸福最重要的标志。

第五辑

最真的幸福在苦尽甘来时

世事无常,人们难免遭遇挫折,经历痛苦。挫折并不可怕,一次失败更不是人生的终点,坚强的人总能战胜困难,得到生命中最珍贵的财富。风雨过后会有彩虹,流过眼泪的眼睛更清晰,痛苦之后生命愈发从容:懂得痛苦的人,才能真正理解幸福的真谛。

挫折是上天给我们的赏赐

短时期的挫折比短时间的成功好。

一天,有个小男孩正在哭泣,他的考试成绩不好被老师批评,穿旧衣服上学又被同学们嘲笑。于是,他对母亲哭诉说:"为什么我这么笨,又这么穷?"母亲说:"孩子,你可能不知道,爱因斯坦是个差生,经常被老师批评;安徒生的父亲是一个鞋匠,从小到大都过着穷困的生活。但是,后来他们一个成了世界著名的科学家,一个成了全世界孩子都喜欢的童话大师。上天不会抛弃任何一个人,如果你能像他们一样努力,你就有可能成为和他们一样的人!"

对于还在读小学的孩子来说,被老师批评,被同学嘲笑是天大的事,小孩子心理承受能力差,遭到非议会对自己产生怀疑,甚至否定自己的价值。妈妈却告诉孩子,世界上有很多名人都在责备和贫穷中长大,正是因为挫折,他们才有了非同常人的毅力,锻炼出超越他人的能力,成就一番大事,今天在哭泣的孩子,焉知不是未来的伟人?

俗语说:"台上一分钟,台下十年功。"这个世界上不存在没有受过挫折的人,成功要用无数挫折汗水堆积,只有能够忍受困难的人才能拿到成功的入场券。成功是一条越走越艰难的道路,有人望而却步,有人中途撤退,只有不畏艰险的人才能一路跋涉。

一位罗马将军率领军队与埃及人打仗，大败而归，大臣们都劝皇帝尽快撤掉这位将军的职务，连将军本人都没有颜面面对皇帝，认为自己会受到重罚。皇帝召见他说："请你立刻带领一支军队返回前线。"大臣们纷纷提出反对，将军惊讶地看着皇帝，皇帝说："谁都有失败的时候，有了打败仗的经验，下一次你一定能获胜。"将军的目光由惊讶变为感激，由感激变为坚毅，当天晚上，他带领军队出发，没过多久，罗马城就传来了将军大获全胜的消息。

失败与挫折都是上天给人们的考验，考验背后包含了平日得不到的财富。上天的礼物很少有精美包装，一眼看去，总觉得困难、可怕、没有希望、让人沮丧，想要拆开它，可能会碰伤手指，刺伤身体，让心灵觉得不舒服，但只要能够勇敢地拆到底，里面的丰富宝藏就会露出它的形状，所有挫折都是上天给予的礼物。

一个走夜路的人被石头绊倒，跌破了手和膝盖。他忍着疼痛继续赶路，突然发现前面出现了一堵翻不过去的高墙，挡住了去路，这个人咒骂几声，沿着原路返回。

第二天，又有一个赶夜路的人被同样的石头绊倒，遇到挡路的高墙，这个人思索着如何才能翻墙而过，他坐在墙根，摸着刚才摔疼的膝盖，突然灵机一动，将绊倒自己的石头搬到墙下，踮着脚翻过高墙。没想到，害他跌了一跤的绊脚石，转眼就成了他赶路的垫脚石。

在人生的道路上，谁都会遇到绊脚石，有的可以轻松地绕开，有些横亘在路上，只能小心翼翼地攀过去，还有一些绊脚石太大，山一样挡住去路，让人束手无策。第二个赶夜路的人是个聪明人，他被石头绊倒后，能立即想到绊脚石也能成为垫脚石，靠一块让他跌倒受伤的石头翻过了高墙，由此可见，不利条件可以转化为有利条件，挫折也可以是成功的良伴。

当人们看到在花丛中飞舞的蝴蝶，会赞美它们的美丽，当听说柔弱的蝴蝶可以飞过大海，又会惊讶它们的坚强。蝴蝶的美丽与耐力来自于它们出生的环境,每一只蝴蝶还是幼虫的时候,都会被重重的茧包裹,它们要靠自己的力量睁开茧飞到天空,正是在茧中的挣扎和学着使用翅膀的力量,才让它们有了飞越海洋的能力。

蚌培育珍珠也是如此。每一粒珍珠最初只是一粒细沙,蚌用血肉磨砺它们,慢慢的,沙子被一层层母液包裹,变得圆润有光泽,数年之后,才能成为最夺目的珍珠。蝴蝶必须挣破厚重的茧,翅膀才能坚强有力,蚌要忍受刺肉的疼痛,才能孕育出美丽的珍珠,一切挫折都会有回报,越是耐得住痛苦,越会有巨大的收获。

挫折与失败并不可怕,就像一个初学者骑自行车,开始的时候,总怕自己不小心跌倒,一旦放松下来,眼睛看着前方的道路,就会忘记脚下的车轮,平平稳稳地骑下去。当面对困难和失败的时候,倘若能一直记得自己的目标,将目光投向前方,失败就会变为不再犯错的警示,绊脚石会变成垫脚石,所有挫折都会变为财富,通向成功的路是由挫折铺就的。

发现自己,你是一颗无价的钻石

再黯淡的星星也是发着光的。

一天,一个年轻人敲开一所大宅的门,递上自己的父亲写的一封信,年轻人父亲是宅子主人的朋友,他希望主人帮自己的儿子介绍一份可以糊口的工作。

宅子主人看了看年轻人,这年轻人穿着朴素,神色忐忑,看上去没什么特点,主人问:"你有什么特长?比如,你读书读的怎么样?"

"不好。"

"有什么爱好吗?"

"喜欢写作。"

"可以给我看一下你的作品吗?"

青年早有准备,递上了自己精心准备的文章,主人看得连连皱眉,问青年说:"你投过稿吗?"

"五年来一直投稿,没有一次通过。"

"孩子,你的文章毫无特色,但你的字写得非常漂亮,如果你能勤奋练字,也许会在书法上取得不俗的成绩。"

青年人听了长辈的建议,回到家专心练习书法,没过几年,就成了一个著名的书法家。

一心写作的青年,投稿五年,没有任何成就。长辈看了他的文章,清楚地知道青年没有写文章的才华,不适合走这条路。但是,他发现青年写的字很有特点,他劝青年放弃不适合自己的写作,改为练习书法,青年是个有恒心的人,当他把自己的恒心和认真用在能够发挥自己才能的地方,果然取得了成功。成功的路靠的不止是坚持不懈、持之以恒,寻找正确的方向,发现自己的长处才是成功的关键。

人无完人,有些人能走在其他人的前面,因为他们善于扬长避短,发挥自己的优势。很多人失败,不是因为没有才能,而是因为他们对自己没有正确的评价,不明白自己的长处和短处。没有人天生就对自己有信心,也没有人天生就能知道自己的才能,但要相信,上天是公平的,当它给了你缺点,就一定会给你优点,世界上没有一无是处的人。

贾平凹有一篇著名的文章叫《丑石》,作者说起自家有一块丑陋的石头,不能做石材,也不能搬走,对家人没有任何用处。作者和作者的家人都觉得这块石头只是个废物,后来,科学家鉴定说,这是一块陨石,曾经是天上发光的星星。科学家小心翼翼把丑石运走,他告诉作者,这块石头可以放进展览馆,也可以用作科学实验。一块被看成是废物的丑石,竟然比世上所有的石头更加珍贵。石头如此,人也一样,当你感叹自己没有优点,想要放弃努力、甘于平庸时,有没有想过,你身上有很多自己不知道的优点,你也是一颗无价的钻石?

因为生病,玛丽莎住了三个月医院,当她回到学校,发现自己跟不上学校的进度。玛丽莎每天都在忙着找家庭教师补课,可惜成效不大。渐渐的,原本开朗爱笑的玛丽莎变得沉默寡言,终日看不到她的笑脸,她越来越自卑,成绩更差。

班主任是个经验丰富的老教师,这一天,她在班会上对全班同学说:"今天是玛丽莎同学的生日,请大家每个人拿出一张纸条,写一句祝福送给玛丽莎同学。"班会结束,玛丽莎收到几十张纸条,有人写"你是一个温柔漂亮的女孩子,我喜欢看你笑";有人写"住院三个月能赶上进度,你真厉害,我佩服你!"有人写"你的努力一直是我的榜样,生日快乐!"……那一天,玛丽莎第一次发现自己身上有那么多闪光点,有那么多他人喜欢、尊敬的地方,她将纸条一张一张贴在日记本里,随后露出笑容,拿起课本继续学习她的功课,她相信在下一次考试中,自己一定能够考出好成绩。

为了帮助对学习失去信心的学生,聪明的老师利用玛丽莎的生日,让所有同学给玛丽莎写一句祝福,同学们在自己的纸条上表达自己对玛丽莎的喜爱。当玛丽莎发现自己原来被这么多人喜欢尊重,就连她因病住院而落下功课,也有人夸奖她的努力,她觉得自己不能自暴自弃,不应该辜负老师和同学的期待,于是,已经忘记笑容的玛丽莎再次笑了起来,这时候,她充满了对未来的信心。

每个人都需要他人的肯定和鼓励,有时候简单的一句赞美就能使一个人坚定对自己的信心。人们的生长环境不同,不是每个孩子都和玛丽莎一样,有个经验丰富的老师,有时候,我们要面对的是孤独,对未来的不确知,还有他人的不赞同。不过,自信心的来源不是他人,而是自己,当没有人鼓励的时候,我们需要欣赏自己,喜欢自己。

心理学家曾奉劝人们在日常生活中要善于利用心理暗示,每天对着一面镜子对自己说:"我很漂亮"、"我很优秀"、"我很果断"。日子久了就真的会变得漂亮、优秀、果断。每一次在镜子中为自己打气,都是一次潜移默化,鼓励自己向理想的方向努力。

每个人都是一颗钻石,有的已经发出光芒,有的还需要不断的打磨,但谁也不能否定它的价值。要认真观察自己,发掘自己最大的优势,如果没有信心,可以问问身边的人,年长的人,在正确的道路上,不断取得的成绩会建立你的自信,让你一步步靠近自己的理想,实现自己的梦。

别让痛苦毁掉幸福的机会

没有别的痛苦比在苦难中回忆幸福的往日更痛苦。

老人胳膊上生了一个大疽,影响到活动,医生检查时发现疽开始腐烂,立刻动手术将它割掉。手术很成功。可老人整天闷闷不乐,手术后的伤口没日没夜地疼痛,让他心神不宁。

儿女们很孝顺,商量要做点什么让父亲开心。第一天,大儿子开车载父亲去风景园散步。第二天,二儿子带父亲去看刚上映的电影。第三天,小女儿给父亲做了一桌美味的适合康复病人吃的饭菜。可是,父亲还是沉着脸。儿女们问:"爸爸,是风景不好看?电影不好看?还是饭不好吃?"

"不知道。"

"不知道?"

"我只顾着想胳膊上的疼,哪里看得到风景、电影,吃得出饭菜的味道!"老人回答。

老人手术后胳膊上的伤口一直疼痛不已,儿女们想方设法哄老人开心,可是,看到美丽的风景,老人想的是胳膊上的伤口;看着精彩的电影,老人只感觉到胳膊的疼痛;吃着可口的饭菜,老人只担心会不会因活动影响伤口的愈合。当老人专心于自己的伤口,他就对所有快乐视而不见、听而不闻,儿女们固然白费了苦心,对老人自己,未尝不是一种遗憾。

痛苦的回忆像心灵上的疽,有的人任由它腐烂侵蚀,有的人痛下决心做了手术,却还被伤口的余痛折磨。每个人都有失败的经验,事业失败、感情失败、学业失败、生活失败,各种各样的失败变成人们心中的伤口,让人久久不能释怀。人们不愿意轻易忘记这痛苦,因为痛苦的回忆总与自己的选择相关,是过去重要的一部分,他们会说:"不能因为一点疼痛就割掉整只手臂。"没错,谁也不会因为一点伤痛就切掉手脚,但如果放任这点伤痛继续蔓延,小伤口也会成为毒瘤,最后让人不得不放弃整条手臂。

人生在世,痛苦在所难免,为一件事痛苦时,心绪不宁,烦闷异常又不愿找人倾诉,任由这痛苦反反复复折腾自己,整个人也变得暴躁偏激,患上抑郁症,甚至产生轻生念头。当一个人长期陷入某种痛苦,痛苦就会成为一种习惯,痛苦的来临犹如疾病发作。不论什么时候,解决问题才是处理问题的最佳方法。伤口需要医治,需要包扎上药;灵魂上的伤口也需要对症下药,精心护理。

大学的时候,晓红经历过一次失败的恋爱,一个高年级的男生追求她,成为她的男朋友,毕业时以不在同一个城市为由提出分手。几年的时间,晓红一直是孤家寡人,朋友想给她介绍男朋友,她却总是想着那个甩了她的男生和自己的伤心往事,完全提不起恋爱的兴趣。

转眼到了晓红的26岁生日,朋友们打趣晓红说:"你再不谈恋爱找结婚对象,不用多久就成剩女了,你要赶流行吗?"想到自己的年龄,晓红也暗暗发愁,她气恼自己为什么一直忘了不了旧的恋情,难道她要一辈子生活在失恋的打击中?终于,晓红拨打了朋友的号码说:"上一次你说的那位不错的朋友,方便的话,明天一起吃个饭吧。"第二天,晓红去相亲,虽然和朋友介绍的人不来电,但谈得还算愉快,一来二去成了朋友。后来,晓红经常参加朋友们的聚会,她自己说,虽然还没有遇到真命天子,但她已经完全走出了失恋阴影,正以期待的心态等着合适的人出现。

一次失败的恋爱,不过意味着晓红没有碰到对的人,可惜的是,晓红有好几年的时间都沉浸在失恋的痛苦中,再也不敢接受爱情。这种对痛苦的龟缩心态让她失去了本该多姿多彩的青春年华,也错过了很多快乐的机会。有个成语叫"讳疾忌医",害怕生病就不去看医生,和害怕痛苦就不再尝试很有共同之处,一个人不能走出痛苦,有时是因为受伤太深,更多的时候是这个人不敢面对过去,更不敢面对未来。

不敢面对过去,是因为不肯、不愿接受事实,痛苦的过去也许是一次失恋,也许是重要考试失利,也许是父母失和、家庭破裂,这些事实让人不自禁地怀疑自己的价值,于是,心灵被悔恨占据,总是想着"如果没有发生这件事就好了",沉湎在过去的幻想中逃避现实。

不敢面对未来,是因为过去的痛苦回忆,让人们对自己或他人失去信心,也不再抱有期待,他们不会想未来还有机会、还有希望,一直在惋惜失去的东西,他们完全被过去击倒，总是想着"我再也不会遇到这么好的机会了"，不认为自己有能力爬起来重新开始。

悲欢离合是人生的常态，每个人都会有属于自己的痛苦，当一个人会被痛苦压倒，说明他的心理承受能力还不够强大。如果不能接受痛苦的事实，人就无法超越自己，如果不能战胜痛苦的过去，人们就会永远生活在阴影中。

别让过去毁了幸福的机会，面对回忆，你需要的是释然，面对痛苦，你需要的是勇敢。

找准位置，是金子总有发光的一天

金子不能在大海里发光。

一棵松树生长在无人的深山，终日生活在痛苦中。它不像其他松树那样笔直粗壮，它的躯干扭曲，斜着生长，由于接触的阳光少，身子也比其他松树细了好几圈，松树们都嘲笑它长得奇怪，动物们经常骂它挡住去路，松鼠不能在它的冠上筑巢，虫子们将它的外皮咬得斑斑点点。

有一天，伐木工人进入这座山林，开始砍伐木材，一个工人看到这棵松树说："这棵树不能当木材，却是一株不错的观赏植物。"很快，松树被移植到植物园，每天被工作人员精心浇水除虫，被全国各地的游客观看。

在深山中，长相奇怪的松树不被理解，它遭受同伴们的嘲笑、动物们的责骂；在植物园，照料树木的工作人员对它精心护理，游客们因它奇特的外形发出惊叹。同样的一棵松树，在不同的环境中，得到的是不同的待遇。可以想象，如果松树没有被移植到植物园，它将永远生活在自卑和孤独中。

农夫家里养了一匹马一头驴子，农夫让大儿子牵着马将盐带进山里卖，让二儿子骑驴去遥远的集市买一些农具。结果，马走不惯山路，马蹄磨损得厉害，耽误了儿子的行程；驴呢，慢慢悠悠，一天走不了多少里路，二儿子足足用了半个月的时间才回到家。邻居知道后对农夫说："如果你让驴子走山路，让马去赶集，不到三天，它们都能回来。"

不论什么事物，都有适合发挥优势的环境。人也一样，需要了解适合自己生存的环境，人比动物植物更幸运，他们有自己的判断力和行动力，能够主动寻找适合自己的环境。

每个人都应该发现自我，更应该努力为自己营造合适的环境。有些人像山谷里的松树一样，有待发掘，有些人早已生活在掌声中，却找不到自我的价值。正如一只仙鹤立在鸡群中，虽然会赢得他人的注目，却并不能给自己带来实际的益处，不如在天空飞翔鸣响，引人向往。找准自己的位置，就是对自己负责。

在汤姆森读高中的时候，一天，校长找到他的母亲说："你的儿子也许不适合读书，他的理解能力非常差，甚至比不上比他小很多的孩子。"

他的母亲听后很伤心但也很无奈，只得把汤姆森领回家。一天，母亲带着汤姆森去街上买东西，当他们路过一家正在装修的超市时，汤姆森发现有一个人正在超市门前雕刻一件艺术品，汤姆森对此产生了浓厚的兴趣，他凑上前去，好奇而又用心地观赏起来。

从那以后，母亲发现汤姆森只要看到什么材料，包括木头、石头等，必定会认真而仔细地按照自己的想法去打磨和塑造它，直到它的形状让他满意为止。母亲很着急，她怕儿子玩物丧志，耽误了学习。

最终，汤姆森还是让母亲失望了，他不爱学习所以未能考上大学。此时，他在母亲的眼中是一个彻底的失败者，他心里也很难过，但还是决定远走他乡去寻找自己的事业。

许多年以后，汤姆森靠着自己的努力，成为一位雕刻大师，他的母亲终于明白，自己的儿子不笨，只是当年她没有把他放到一个合适的位置上而已。

假如汤姆森按照母亲的愿望努力学习，最后他只能成为一个普通人。汤姆森选择尊重自己的爱好，在自己喜爱的领域发挥聪明才智，当母亲看到汤姆森的成就，才知道儿子并不是愚钝，而是任何人都需要一个合适的位置。汤姆森的做法值得钦佩，人们都说千里马需要伯乐，也都知道千里马常有而伯乐不常有，与其默默等待伯乐的到来，不如做自己的伯乐，勇敢地选择自己的命运。

南唐后主李煜是我国著名诗人，留下了许多脍炙人口的诗篇。如果他仅仅是一个诗人，吟诵华丽的辞章，倒是很符合他风雅的个性。不幸的是，他是一国之君，负担着一个国家的责任，他的能力无法胜任治理国家，统御朝政，胸中也没有韬略指挥军队保卫国都，最后，他成了亡国之君。一个人不能站在合适的位置上，于人于己都是一种灾难。

飞鸟的位置在天空，狮子的位置在草原，人的位置应该在擅长的领域。他人的赏识并不是成功的主要原因，才能才是成功的根本，不是千里马，多少个伯乐称赞也没用。一个人不能随波逐流，别人说好就去做，不考虑自己的实际情况，没有人能给你规划人生，想要活得幸福，就要自己把握人生的方向。

李白说"天生我材必有用"，只要仔细观察，每个人都不简单，每个人都有自己的优势。人们常说是金子就有发光的一天，关键是，你不能把金子扔进大海里，只有找准自己的位置，秀出自己的闪光点，才能得到他人的承认，获得自己的成功。只要位置正确，就不怕没有被赏识的一天，就像一句网络语言说的那样：怀才就像怀孕，总有被人看到的一天。

专心耕耘自己的田地才是正道

喜欢看热闹的人常常做不好自己的事。

有个故事叫"龟兔赛跑",兔子和乌龟赛跑,兔子认为以乌龟的速度甭想跑赢自己,就在中途美美地睡了个懒觉,一觉醒来,乌龟早就跑过了终点线。

后来,漫画家根据这个故事画了一幅漫画:兔子不甘心失败,向乌龟发出挑战。这一次,乌龟慢悠悠地走在路上,中途还坐在河边抽烟袋,它心里想着:"反正兔子会睡觉。"结果,等它磨磨蹭蹭地走到终点,兔子早就捧起了优胜奖杯,奖杯上贴着四个大字:不再睡觉。

不能专心致志,跑得再快的兔子也会输给一只慢吞吞的乌龟。麻痹大意,乌龟一心一意的耐性消失了,理所当然输给了兔子。不论乌龟还是兔子,它们的失败原因只有一个:过分关注自己的对手,反倒忽略了自己应该做的事。这也说明成功的关键有时不在天生的资质或个性上的坚忍,而在于人们的关注点。终点往往与过程中的关注点紧紧相连,关注点不同,得到的结局就不一样。

人生就像一场赛跑,不同的是这场赛跑不一定要跑得快,只要按照一定的步伐、频率,即使走得慢一点,也能得到好的结果。但这个"慢"仅仅指心态的悠然,对沿途风景的享受,并不是指粗心散漫,无限制放纵自己的惰性。如果一个人在自己走路的时候,总想看看别人在做什么,别人走到哪里,看到别人正在赶路,自己也加紧步伐,看到别人贪玩睡觉,自己也无所事事,这就是把对自己的要求建立在别人的行为上。可是,"别人"是什么人?人应该走在自己的路上,别人的路和自己无关。

在古代,寺院的收入来自化缘和布施,和尚们还要自己耕种土地。有一年春天,师父叫来三个弟子,交给每个人一片土地和一些种子,师父说:"你们三个现在就去种地,谁的作物长得最不好,谁就要受罚。"

三个弟子按照师父的吩咐辛勤播种浇水,春天过去了,大弟子的地里长出了秆子,二弟子的地里长出了麦苗,三弟子的地里什么都没有,大弟子和二弟子不约而同地想:"老三实在是太懒了,这次受罚的一定是他。"他们认定三弟子会输,就开始三天两头地偷懒,浇水施肥不再及时,地里的庄稼越长越蔫。

秋天到了,大弟子的地里的玉米穗子不饱满,二弟子地里的麦子长得也不好,只有三弟子从地下挖出一个接一个的番薯,这些番薯个头大色泽好。师父对其他两个徒弟说:"种地就像修佛,不能一心一意就得不到结果,你们两个明白了吗?"

三个徒弟每人种一块地,如果能够心无旁骛,都会有好收成,可是,大徒弟二徒弟忙着看三徒弟的笑话,认定三师弟会受罚,放松了对自己的要求,最后成了受罚的人,只有三徒弟勤勤恳恳,春种秋收,得到了师父的肯定。

喜欢看热闹的人把自己放在一个"别人的环境"中,在这样的环境中,他们无事一身轻,看到好笑的事就开心,看到别人做傻事就嘲笑,这种看客心态会让那些当事人不悦,但那些当事人不会理会他们,因为看客耽误的不是别人的时间,他们是在浪费自己的生命。如果故事中的两个弟子不去看师弟的笑话,专心耕耘自己的田地,他们怎么会受到师父的责罚?一心一意的人总能有收获,真正有损失的是那些看客。

2006年,北京市举办了一次论坛活动,受邀的人都是诺贝尔奖得主。在采访中,不少记者都会问到这样一个问题:"你认为中国人什么时候能得到诺贝尔奖?"这时,1998年诺贝尔医学奖获得者伊格纳罗站起身,对台下的观众说:"忘掉诺贝尔!"过分在乎外在的荣誉,过分看重他人的评价,这样的人同样生活在"别人的环境"中。我国著名学者袁隆平,他培育了杂交水稻,解决了十几亿中国人的吃饭问题,这项成就足以超越世界上任何奖项,他从不在意诺贝尔,也不会追求个人荣誉,在他看来,一个人的成就不能被一个奖项涵盖,名利如浮云,脚踏实地是成功者应有的素质。

袁隆平一贯不爱张扬,他在自己的田地里,不在意别人说什么,也不过分关注别人做什么,他知道成功的秘诀只有一个:专心致志,一往无前。

没有完全自由的自由

自由是风筝有线,马有缰;灾难是风筝断线,马脱缰。

1997年6月28日,美国著名拳王泰森正和拳击手霍利菲尔德进行拳击比赛,霍利菲尔德出现了几个搂抱和头撞的犯规动作,通过大屏幕,在场观众看得出,泰森的怒火被挑拨起来,脸色越来越难看。

这时,震惊全场的一幕出现了,泰森张口咬住了霍利菲尔德的耳朵!

泰森的"壮举"很快成了世界各大报纸的新闻头条,"咬耳朵"也成了那一年的流行词汇,泰森被美国运动委员会吊销了拳击执照,并处以300万美元的罚款。直到12年后,泰森才当众向霍利菲尔德道歉,得到了对方的谅解。

在这场震惊世界的比赛中，曾经的拳王泰森固然对对手造成了严重的打击，同时也完全毁坏了自己的形象，当人们提起他，不再是昔日威风的拳王，而是一个咬耳朵的、缺乏运动道德的拳击手。当泰森愤怒地咬住对手的耳朵，他失去了拳击资格，和一个在街市上寻衅打架的无赖没有区别。人们不会因为霍利菲尔德受伤就认为泰森是胜利者，只有遵守游戏规则的胜利，才是被人承认的胜利。

人们常常感叹自己生活的不自由，想要做什么都要被条条框框限制，想打球，就有球场、球规、裁判限制；想旅游，就有路线、资金、时间限制；想找份可心的工作，又有学历、年龄、专业限制；想做出成绩，又有行规、条款限制……人们生活在各种限制之中，无法随心所欲。除非一个人不受环境的影响，不理会他人的看法，对外界无知无觉，无欲无求，否则，知觉会变成判断是非的凭据，欲求会变为改变自我的诱因。还有一种自由的人，他们想做什么就做什么，不顾虑自己也不顾虑别人，这样的人又让人觉得疯癫，让人无法接受。

野马脱缰会冲向悬崖，风筝脱线会失去方向，列车脱轨会造成车毁人亡，有一点限制有什么关系？过分吹捧自由的人有一个很大的特点，他们改不了以自我为中心的习惯，却不知道人们之所以给自己加了种种限制，是为了保证自己的安全和舒适，愿意遵守的人，自然会得到规则带来的好处、"不自由"带来的便利。

晓峰的表姐最近移居到澳洲，每天在博客里发布街拍景色若干，晓峰也养成了每日逛表姐博客的习惯。表姐拍的街景照片，既有繁华的闹市，也有幽静的公园，更有一栋栋简单又不失靓丽的私人住宅。

晓峰最留意住宅区的照片，看得久了，晓峰不禁羡慕："澳洲真好，每家每户都有单独的院子，而且那么密集的住宅区，竟然一点都不杂乱，看上去像一幅画。"

表姐苦笑说："你看着像一幅画，不知道我们这些住在画里的人有多辛苦。我住的地方临近旅游区，当地政府有规定，为了市区的美观，一律不准在院子里或者房顶上晾衣服。"

"那你们怎么处理衣服？"

"烘干机，衣服从洗衣机里捞出来，直接放进烘干机。衣服还算小事，想晒被子的时候也没办法，我真怀念那些能在太阳下把被子晒得软绵绵的日子。"

晓峰恍然大悟说："看来，城市这样整洁真不是件容易事。"

一个城市想要保持优美整洁，需要每一个居民付出"不能在室外晾衣服"的代价，如果每个居民都不理会规矩，随意晾晒自己的衣物，城市就不能保持毫不杂乱的美感。想要生活在整洁的城市，自己首先要有一个整洁习惯，还愿意遵守规则，否则就是自讨苦吃。

想要达到目的，先要学习遵守规则，做加法要遵循一加一，做乘法要背诵小九九，做什么事都要遵循一定的规则，随心所欲只会得到错误的答案。规则，是生活的依据、成功的依据，尽管人们总在强调"要超越常规"，事实上，所谓"超越"，就是在常规基础上的创新，只有对常规有足够多的了解和思索，才能实现。

著名寓言作家克雷洛夫说："不要过分地醉心放任自由，一点也不加以限制的自由，它的害处与危险实在不少。"当规矩过分禁锢手脚，人们总是想要争取更大的空间，更多的自由，可如果不对自己加以限制，自由就会变成放纵，比如，索取会变成贪婪，善感会变成抑郁，休闲会变成无所事事，一旦自由超过一定限度，总会引起不良后果让人后悔。

事实上，真正的自由只存在于心灵层面，是一种不被外物干扰的境界，用范仲淹的话说，"不以物喜，不以己悲"。当人们遵守着外界的种种限制，却可以在内心营造一个不被羁绊的王国。不要让"不自由"成为你的抱怨理由，也不把"自由"的定义无限制扩大，路会越走越宽，心会越放越大，这不正是自由的真正含义？

沿着同一个方向,你才能走到最远的地方

没有方向的人走得再远,也走不出迷宫。

故事发生在古希腊的雅典城,哲学家苏格拉底收了很多学生,有一天,他对所有学生说:"今天我们做一个简单的练习,每个人尽量往前甩自己的胳膊,然后再往后甩,一直重复这个动作,重复三百下,记住了吗?"

所有学生做了这个动作,直到三百下,他们不明白老师究竟要做什么,苏格拉底说:"今后,每天你们都要做这个动作,做三百下,记住了吗?"

学生们认为这件事很简单,爽快地答应了。一个月后,苏格拉底问:"谁按照我说的话,坚持每天甩胳膊三百下?"多数学生说他们还在这样做。这以后,苏格拉底不再提起这件事,学生们以为老师已经忘记了,渐渐也不再每天甩胳膊。

一年以后,当学生们早已忘记这件事,苏格拉底又问:"谁按照我的吩咐,每天在做三百下甩胳膊?"整个教室沉默了,只有一个学生站起身。

这个学生就是后来大名鼎鼎的哲学家柏拉图。

苏格拉底和柏拉图都是希腊大名鼎鼎的哲学家,在柏拉图的回忆里,他的老师苏格拉底不但学识丰富,还是个优秀的教育家,上面这个故事就可以让我们一睹苏格拉底的风采。绝大多数人都小看了这件事,只有柏拉图能够按照老师的吩咐去做,可见从小事上就能够看出一个人是否具备成功的潜质:成功并

不神秘,把一件小事、即使只是每天甩三百下胳膊这样的小事坚持下去,天长地久,也就成了不起的成就。

懈怠与半途而废,都是阻碍成功的重要主观因素,需要时刻警惕。两个旅行者走同一条路,一个总是问:"怎么还没到?"一个总说:"不用着急,我们再走远一些。"每个人都有自己的目标,同样的目标,达不到目标是因为走得不够远,或者中途改变了方向。而那些坚持不懈的人,总能比目标走得更远,在他们的成功上添加更多的成功。

走错路和原地踏步也会阻碍成功。王安石写过一篇杂文叫《伤仲永》,方仲永是一个神童,五岁时就会写诗做赋,乡里乡外的人听说这个神童的名头,都来争相观看。方仲永的父亲扬扬得意,整天带着儿子拜见名人,炫耀儿子的才华。时间一点一滴地过去,方仲永得不到正确的教育、有力的引导,沉浸在众人的称赞中,原地踏步,终于"泯然于众人",成年后的他,再也找不到昔日神童的影子。天才成了一个平庸的凡人。

像方仲永这样的天才,本该择良师教导,让尚不成熟的他远离虚荣,才能成就一番大业,可是父亲为了扬名,为他选择了一条短视的路。短期内,方仲永的确得到了名气,可没过几年,天赋的才华得不到后天的培养,他渐渐被那些刻苦学习的孩子超越。又过几年,那些用功的孩子早已走在前面,方仲永再也追赶不上。对于一个天才,这是最大的遗憾。

有一天,农庄主人巡视装稻谷的仓库,不小心把祖传的怀表掉到了稻谷堆里,谷仓很大,农庄主人找不到怀表,只好找来所有农夫,说谁能帮他找到怀表,就赏给谁十个金币。

十个金币,几乎是农夫一年的工钱,连附近的农妇都冲进谷仓,想要在稻谷堆里找到那个怀表,可是,稻谷堆成山,哪里去找一个小小的怀表?

一批又一批的人来了,直到太阳落山,他们也没看到怀表的影子,天黑了下来,他们只好垂头丧气地走上回家的路。只有一个十岁的小男孩还在找。

晚上,农庄主人正在吃晚餐,小男孩拿着怀表敲响了他的家门。农庄主人惊奇地说:"那么多人都找不到,为什么你能找到它?"

"大人们都走了以后,怀表就发出滴答滴答的响声,我很容易就找到了!"小男孩回答。

一批又一批的农民同时在仓库找一块怀表,找到的人竟然是个十岁的小男孩,农庄主人起初不敢相信这个事实,在听过小男孩的话后,又觉得合情合理。当所有人都放弃的时候,只有小男孩还在坚持,这时,怀表的滴答声响了起来,这不是幸运,是对持之以恒者的犒劳。小男孩理所当然得到了奖赏,因为成功只属于那些勇于坚持的人。

一位记者到马戏团去采访,他怀着仰慕的心情问一个正在练习走钢丝的人:"请问,这么细的钢丝,你是如何走下来的?你在练习的时候,是不是摔过很多次?"那个人摇摇头,自豪地说:"我很少摔跤,即使在练习的时候也是一样。因为我看着前面,沿着一个方向走我的路,就像走在平地上一样安全。每个学过走钢丝的人,都不会把心思放在目标以外的地方。"记者听后大为叹服。

一个人走过悬在高空的钢丝,千军万马过独木桥,这些都是关于成功之路的比喻。不是所有的人都能如愿以偿地走完这条路,如果只看到危险、辛苦、机会渺茫,就会给自己增加负面的心理暗示:"我肯定走不过去,还是换一条路吧。"只有那些眼睛里只容得下对面目标的人,才能始终如一地走下去。持之以恒是成功者必须具备的潜质,沿着同一个方向持之以恒地走下去,不论钢丝还是独木桥,都可以像走在宽敞的平地上一样,信步闲庭,从容不迫。

了解自己，自知之明最珍贵

自知之明是最难得的知识。

在古希腊时代，雅典城是当时最繁茂的城市，苏格拉底被誉为那个时代最有智慧的人，如果你在大街小巷随便拉住一个人问："你知道谁是世界上最聪明的人吗？"答案肯定是："你连这个都不知道？当然是苏格拉底！"

说的人多了，苏格拉底本人也开始烦恼，他认为自己只是一个普通人，为什么大家都说他是最聪明的人？于是，他去拜访雅典城的达官贵族、诗人学者，想知道智慧究竟是什么。

苏格拉底首先拜访一位学者，学者吹嘘他通晓世间一切学问；拜访商人，商人向苏格拉底宣扬金钱的学问；拜访政客，政客向苏格拉底传授如何做官，这些成功人士都认为自己是个聪明人，知道很多事，但在苏格拉底看来，他们知道的远远不够。最后，苏格拉底说："难怪大家都说我是最聪明的人，因为所有人都认为自己很聪明，只有我知道自己并不聪明。"

所有人都说苏格拉底是世界上最聪明的人，苏格拉底却认为自己并不聪明，困扰之下，他去拜访雅典城的贵族和智者，却发现每个有点资本的人都以为自己很聪明，甚至有点不可一世。苏格拉底这才明白，人们之所以说自己聪明，不是因为自己什么都懂，恰恰是因为他明白自己并非万事通，还要学习更多的东西。正是这样理智的态度，使他赢得了"最聪明"这一美誉。

同样的故事也曾发生在东方,文圣孔子说过相似的话。孔子说自己活得年岁越长,越觉得自己知道的事太少。苏格拉底和孔子都是举世公认的智者,他们不约而同地说了相似的话,难道他们是在谦虚?不是的。不论苏格拉底还是孔子,他们都有自知之明,越是学习,越是明白世界之大无奇不有,凭一个人的智慧无法穷尽。这时候,他们就会变得虚心。当一个人认为自己无人能及,他就像一个注满水的湖泊,再也容不下更多的水流,只有当一个人明白自己的学识远远不够,他才会变成吸纳小河流的海洋,有容乃大。

秋天快到的时候,即使在同一片麦地里,有经验的农民总能一眼就区分稗子和麦子,稗子因为空心,总是昂着头,麦子沉甸甸的,谦卑地俯视生育它的大地。稗子和麦子的区别,就是自满和谦虚的区别,自满的人容易故步自封,得到一点成绩就扬扬得意,谦虚的人总在寻找自己的不足,争取改善并获得更大的进步,这就是常言说的"满招损、谦受益。"

山里有座寺庙,寺庙里的佛像是明朝就有的,引来很多人前来上香,寺里人不多,只有住持和几个和尚,以及佛像下的几只老鼠。老鼠们白天窝在洞里,晚上就出来偷吃贡品。白天的时候,它们有时会躲在佛像后,接受信徒们的膜拜。日子久了,老鼠们每天都在佛像后看着朝拜的人群,感觉自己就是佛,所有人都崇敬它们。

有一天,下山的和尚捡回来一只流浪猫养在寺院,猫的耳朵机灵,听到老鼠的声音就蹿到佛像后,抓起一只老鼠要吃,老鼠大叫说:"胆大妄为的东西!你知道我是谁吗?我就是这个佛寺的佛,你怎么能吃掉我?"

猫哈哈大笑说:"你算什么东西!你以为人类会给一只老鼠上香吗?你只是恰巧站在佛的身后罢了!"

常言道,不怕不聪明,就怕自以为是。一只老鼠躲在佛像身后,每天偷吃信徒供奉的贡品,还把自己当成信徒们顶礼膜拜的对象,人们常说鼠目寸光,老鼠的眼光只有一寸，对事物看不远看不透，遇到一只猫就慌了手脚，只能乖乖变成猫的食物。如果老鼠在佛像后的墙壁上打个洞，趁着夜深出来搬运贡品，可以安然地过着丰衣足食的日子，即使那只猫也拿它们没办法。可惜它们错误估计了自己的地位，真把自己当成人见人拜的佛，认为谁也不敢招惹自己，大摇大摆地在白天出没，才会遇到灭顶之灾。

一旦错估了自己的实力，不但成了旁人的笑柄，也会给自己带来巨大的损失。

成语"狐假虎威"说的也是同样的道理，一只狐狸跟着老虎能够作威作福，一旦落了单，只能任由比它更强的猛兽宰割，不明白自己的实力，靠着某些假象让自己看上去很厉害，一旦被戳穿，这些人就会像纸老虎一样派不上任何用场。

取得了成绩难免会得意，有时也会生出没有根据的优越感，来满足自己并不充实的心灵，这些都是正常的反应，谁也不能免俗。可是，没有根据的事只能放在自己的想象中，用来鼓舞自己的信心，而不是将它作为行事的依据。想要得到成功，正确判断自己的实力才是至关重要的前提，盲目乐观只会加速自己的失败。不要以为自己已经超过了别人，也许别人早已起跑，你还没走到起跑线。

即使困难,也要坚持自己的立场

附和他人的人没有自己的声音。

星期天的上午,一位推销员敲开了雷姆家的大门,推销一款新上市的整套厨具。

"完全不粘锅的特殊材料涂层,是这款产品的一大特色。"推销员吹嘘。

"可是,我不喜欢材料涂层,我喜欢老式不锈钢。"雷姆夫人说。

"您说的对,老产品有老产品的好处。"推销员说。

"虽然老产品也有不方便的地方,应该在某些方面加以革新。"

"没错!老产品厂家都是死脑筋,缺乏创新。"

几分钟后,雷姆夫人客气地送走了推销员,转头对丈夫说:"这种一味迎合顾客,连自己刚刚说的话都能马上否定的人,他销售的产品怎么能让人信赖呢?"

像雷姆夫人一样,很多人不喜欢推销员,因为他们中的多数人总想迎合他人,讨他人欢心,再在这个基础上达到他们的目的。这样的人没有自己的立场,好似墙头草,哪边有风就往哪边倒。而在常人眼里,没有立场的人信用度几乎为零,你无法相信他们说的任何一句话,因为那些话极有可能是骗人或吹牛。所以,雷姆夫人才会客气地送走推销员,她认为一个对自己说过的话不能负责的人,同样也不能对自己的产品负责。

短篇小说之王契诃夫写过一篇小说《变色龙》,一位叫奥楚蔑洛夫的警官在广场上处理一个案子:一只狗咬伤了金匠的手指。当人们说狗是只野狗,奥楚蔑洛夫摆出公正的执法警官姿态，严肃地向金匠保证会处理这只狗、处罚狗的主人；而当有人说狗是将军养的，奥楚蔑洛夫又训斥金匠招惹了无辜的狗，威胁说自己早晚要收拾他。在俄文中，"奥楚蔑洛夫"就是"变色龙"的意思，这种趋炎附势、毫无人格的警官，自然无法得到他人的尊重。

做人没有自己的立场，就像走路的时候放弃直线走曲线，时而向左，时而向右，放弃了最短的路途，用成倍的时间才能走到终点，没有立场的人也许会因为迎合了某些"大人物"，暂时名利双收，但"大人物"不会信任没有人格的他们，周围的人也不会信服他们的成就，这些人的事业可能会成功，但在为人上，他们是彻底的失败者。

雷海清是唐玄宗时期的著名乐师，他最擅长弹奏琵琶，很多年轻人慕名来到长安，就是为了拜他为师，学得雷海清的琵琶技艺。

有一天，雷海清叫来徒弟们，弹奏了一首曲子，徒弟们赞不绝口，这时，有个徒弟说："老师，你有一个音弹错了。"

其他徒弟都说："别胡说，老师怎么会弹错。"雷海清大怒说："我经常在当今圣上的宴会上弹这首曲子，怎么会弹错呢！"

"不，您弹错了。"徒弟坚持。

雷海清继续骂那个徒弟："你才学了几天琵琶，就敢指摘老师的不是，太狂妄了！"

徒弟吓得直发抖，但他坚持说："我不敢指摘老师的技艺，但那个音，您的确错了。"

雷海清站起身，指着徒弟大骂："你被逐出师门了！我没你这样的徒弟！现在就走！"

徒弟含着眼泪说："弟子不敢不走，但那个音，您真的弹错了。"

这时，雷海清哈哈大笑，拉那个徒弟坐在自己身边说："我故意弹错那个音，其他人只知道附和我,只有你细心听我演奏,指出我的错误,能教出你这样的好弟子,是为师的幸事!"

面对琵琶大师的权威,一个小弟子敢于指摘雷海清演奏上的错误,这本身就是一种勇气。当雷海清勃然大怒,其他人不是劝解就是嘲笑的时候,仍然能坚持自己的观点,这就是一种高尚的人格。雷海清故意弹错一个音,以此查看徒弟们的为人,只有不盲从、不附和的弟子得到了他的肯定。一个坚持立场的人短时间内也许会吃亏,时日一久,周围的人自然会明白他的优点,对他肃然起敬。

人人都想让周围的人喜欢自己,但所谓"众口难调",人们的喜好不尽相同,如果为了让别人喜欢而努力迎合所有人,难免左支右绌。仔细想想,你怎么可能讨所有人的喜欢?一个有立场的人不会让所有人喜欢,而一个缺乏立场的人却可能让所有人不满意。与其迎合他人,不如坚持自己,以自己的实际形象和成就赢得更多的赞同。

人与人相处难免有不同的意见,我们不能固执己见,认为别人都是错的,只有自己是正确的,这样做只会破坏友好的关系。更不能为了讨人欢心,处处顺着别人的意思,这样做会完全毁掉了自己的形象,让人轻视。当别人说的话有道理,自己又无法完全认同的时候,最好的办法是求同存异,既能保全别人的尊严,又能维护自己的利益。如果当他人的干涉阻挠了自己,碰触到自己的底线时,不能委曲求全,即使困难,也要据理力争,将自己的立场坚持到底。因为墙头草再长不过几寸,只有笔直的树木才能蓬勃生长,让人仰视。

你的价值由你自己决定

人的价值不是别人说出来的,而是自己做出来的。

一个美国孩子在牧羊时,捡到一只刚出生的鹰,他把小鹰和家里的小鸡放在一起饲养,小鹰和小鸡们一起吃谷物,学小鸡在土里刨虫子,家里的人看着觉得十分有趣,同意孩子一直饲养这只鹰。

等到小鹰再长大一点,孩子发现长相奇怪的鹰被鸡群排斥,他想将鹰放回到天空,不幸的是,长期和用脚走路的小鸡待在一起,小鹰已经忘记了如何飞翔。最后,孩子的父亲将小鹰从悬崖上扔了下去,下坠的小鹰在千钧一发之际张开翅膀,飞向高高的天空。

故事里的小鹰面临选择:做一个被鸡群嘲笑的异类,还是一只飞翔在天空的雄鹰?在捡它回来的孩子看来,这并不是一道难题,哪只鹰不希望活在天空中,在鸡群中能有什么出息?可是小鹰在鸡群中生活太久,完全忘记了鹰的本能,在它看来,即使被鸡群排斥,也好过去面对危险的天空。最后,孩子的父亲将小鹰扔下悬崖,生死关头,小鹰依靠本能张开翅膀,终于找回了雄鹰的本色。

每一个尚未成功的人都像鸡群中的小鹰,价值尚未决定,却已迷失在自己生长的环境和他人的眼光中。看到小鸡们平日偶尔扑腾翅膀跳跃,小鹰不会察觉自己大上几倍的翅膀不但可以帮助跳跃,也能用于飞翔。很多有才能的人因为不能及时发现自己的价值，埋没在人群中，过着不如意的人生。但只要有一个契机，他们也可以像雄鹰一样飞翔。这个契机就是想要飞翔的意识，想要成功的决心。

一对父子骑着一只驴去赶集，开始的时候，驴很得意，因为它驮得起两个人，这时候有人说："看哪，那只驴真蠢，竟然驮着两个人！"驴不由觉得自己太过劳累，耍脾气只驮一个人。走了一段路又有人说："看哪，那么强壮的驴竟然只驮一个小孩！"驴又觉得自己被人轻视，要驮父亲。又走了一段路，人们说："这只驴真奇怪，竟然不能多驮一个小孩，一定是一头懒驴。"驴受了冤枉，委屈地停在原地，父子见它不听话，干脆拿起鞭子抽了它一顿。

这只毛驴总是根据旁人的评价决定自己要做什么，最后惹得主人不满意，挨了一顿鞭子。如果它一开始就不理会他人的说法，驮着两个主人去集市再回家，它得到的本该是主人的称赞和犒劳。挨了一顿打它才明白，价值由自己决定，和旁人的说法没关系。

一个商队到一家大客栈投宿，店小二连忙为他们端上酒水，这个店小二年纪还小，一脸稚气，看到这么多的客人，有些心急，手一抖，酒壶落在地上，酒溅在两位客人的鞋子上。一位客人大怒说："这靴子是上等皮毛做的，你怎么这么不小心！"

店老板闻声走了过来，弯身拿着一条雪白的毛巾，将客人鞋子上的酒渍尽数擦去，对客人说："这位贵客，人有失手，请勿见怪。"客人不好意思地说："小事一桩，是我脾气不好，惊动了老板，来来来，我敬阁下一杯。"当下宾主尽欢，一场干戈化为玉帛。从此，这商队每次经过城里，都住在这家客栈，慕名而来的客人也日渐增多。

一家大客栈的老板也许早已富甲一方，生意可以交给店里的小二和账房先生，故事里的老板在客人为鞋上的酒渍生气时，主动弯腰将污渍擦干，客人看到老板的态度，迅速平息了怒气，反倒对老板过意不去，主动敬酒。在客人看来，老板只要说两句场面话,训斥店小二几句,让店小二擦了污渍,这件事就可以了结,可老板却能亲力亲为,足见其为人的诚恳。弯身为客人擦酒渍,没有让老板丢了形象,而是让他得到了回头客和良好的口碑。

人们有时候对价值没有正确的认识,认为跑腿就是丢脸,认输就是没面子,低头就是失去尊严。其实那些高高在上的东西并不是价值,而是架子。每个人只有从勤劳的跑腿开始,慢慢成为运筹帷幄的领导,如果没有跑腿的经验,不了解小事,如何处理更复杂的大事?至于认输和低头,都代表了一个人的气度,懂得认输和低头的人,往往有更多的朋友,能学到更多东西,而那些死要面子的人,只有活受罪的下场。

人们对价值的另一个误区是认为只有做大事才有价值,小事不值一提。忘记了积少成多才是做大事的关键,大事由一点一滴的小事积累,价值也是如此。对一个优秀的赛跑选手来说,矫健的四肢有价值,舒适的运动鞋有价值,就连系好的鞋带也是获胜不能缺少的一环,疏忽了哪个步骤,都可能面临失败。和成功有关的事都有价值,而且有巨大的价值。不要对任何一个细节粗心,你的价值由你决定,也由成功的每一个细节决定。

开心是一天，不开心也是一天

生命这么短，为什么想不开心的事？

一只羚羊在赛跑比赛中落败，只得了第二名，它把银牌挂在脖子上，终日闷闷不乐。得到第三名的兔子问它："你为什么整天挂着那块奖牌？"

"这块奖牌代表了我的失败，我要挂着它，时时刻刻鞭策自己。"羚羊回答。

"可是，你并没有这么强大的心理承受能力，你每天都不开心。"兔子说，"不如我送你一样礼物，把你的奖牌换下来。"

不久，兔子送给羚羊一块秒表，代替挂在脖子上的银牌，羚羊很快忘记了失败的打击，每天戴着秒表练习赛跑，日子一天比一天充实快乐。

羚羊挂在脖子上的银牌，代表过去的失败，兔子送给羚羊的秒表，代表未来的希望。与其对过去耿耿于怀，不如继续努力，争取下一次取得金牌。兔子的礼物，成功地让羚羊找回充实快乐的心情和准备下一次比赛的干劲。在兔子看来，同样付出辛苦，同样的时间，羚羊不应该一直生活在失败的阴影下，过日子要开心，而不是愁眉苦脸。

台湾漫画家朱德庸画过一张漫画，一个可爱的小孩正在数自己的手指，漫画旁写着一行字："你要用你的手指，数开心的事，还是不开心的事？"刚刚学会数数的小孩只能数十件事，如果他想着不开心的事，开心就会远离他，为什么要让仅有的十件事被不开心占满？如果他忘记不快，用十根手指数快乐的事，他就能笑口常开。

生命由有限的"一天"组成，当人们即将入睡的时候，如果能说："今天真是开心的一天。"那么他不但会有好的睡眠，第二天的心情也会跟着开朗。如果一个人在入睡前说："今天真是倒霉的一天，我太不开心了。"这个人也许做梦都会觉得自己倒霉，第二天郁闷地睁开眼睛，继续不开心。既然开心是一天，不开心也是一天，我们为什么不选择让自己开心一点？有人说："生活中的烦恼太多了，哪有那么多的开心事？"开心当然不会自己降临，要靠自己寻找，懂得回避烦恼的人才能够开心。

从前有一个叫王万的地主，他有很多产业。但在年轻的时候，他是个穷光蛋，在商人的店里当学徒。每当他被师傅责骂，被伙计们欺负，他就绕着店面跑上几圈，然后回到店里。人们好奇地问他为什么跑步，他笑而不答。

通过自己的努力，王万成了一个富有的地主，他依旧保留了一有烦恼就绕着自己房子跑圈的习惯。有一次，儿子忍不住问："父亲，您能告诉我，为什么您一生气，就绕着房子跑？"王万说："年轻时我有烦恼的时候，我绕着东家的店面跑步，对自己说，看，别人有这么大的店，你还什么都没有，怎么能为一点小事浪费时间。"

"原来如此，"儿子恍然大悟，"这么说，您现在一生气就绕着我们的房子跑，是在对自己说房子还不够大，不能为小事浪费时间对吗？"

"没错，我要用时间做那些让自己开心的事，不能浪费。你看，靠着这个方法，我已经有了这么多的产业。"王万说着，得意地笑了起来。

每个人都会遇到不开心的事，用什么宣泄自己的情绪最恰当？王万选择用跑步发泄自己的怒火，他一边跑步，一边提醒自己应该努力的事，当怒气消下去，他又能充满干劲。靠着这种心理调节能力，王万把别人用来抱怨的时间全部用来经营自己的事业,最后成为一个富有的地主。每个人都应该具备一种能力:让自己开心的能力。对那些沉浸在悲伤和失败中的人,这项能力尤为重要。

心理学上有一个"替换定律":当人们心中有负面的或者希望抛弃的情绪时,他们无法完全将其清除,只能用一项新的回忆进行替换。人的心灵也有容量,当心灵被痛苦占据,快乐就无从停驻,而当一个人总是想着快乐的事,痛苦自然随之消散。有时候,不是痛苦压着人,而是人放不下痛苦,这就是人们常说的"看不开"。看不开的人对事、对物都有强烈的消极情绪,一点小事就能让他们消沉,愁眉不展,他们不明白别人为什么能够开心。

如果心胸能开阔一点,抱怨就会变少;如果性格能开朗一点,烦恼就会变少;如果每天都能想着快乐的事,每个人都能成为开心的人,不但自己舒服,也会感染周围的人,成为大家的开心果。人生难免遭遇挫折,正因为生活总有不如意,才更要对自己负责,主动远离痛苦,用有限的时间做让自己开心的事。

第六辑

让物质为幸福护航

　　幸福与金钱的关系，是现代社会不可回避的话题，幸福不是空中楼阁，它需要简单的物质基础，每个人都应做一个既不俗气，又能够随时随地为幸福买单、为生活护航的人。

金钱不是万恶之源，万恶源于贪念

贪婪是最真实的贫穷，满足是最真实的财富。

有一对夫妻白手起家，靠炸油条赚到第一桶金，他们靠这笔积蓄开了家饭店，因为聘请的师傅手艺高超，饭店生意红火，很快扩大了店面，几年后又开了分店。

夫妻俩的财富迅速累积的同时，他们的女儿也一天天长大，这个女孩时常劝父母："不要太累，钱够花就行。"她的父母哪里肯听孩子的意见，一门心思做生意，女儿一个月见不到父母几面，生活全靠家里的保姆照顾。直到有一天，留学在外的女儿听说父母因自家饭店涉嫌造假，双双入狱。

故事里的夫妻白手起家，艰难创业，积累了高额的财富，与金钱一同增长的还有他们的野心和贪婪，为了赚取更多的钱，夫妻俩竟然造假，最后落得入狱的下场。女儿对这件事早就看得明白，她认为钱够花就好，太多反倒成了累赘，一个人的贪念一旦被激起，欲望就像黑洞一样无法填满，所以总有人说："金钱是万恶之源。"

多数年轻人面对巨大的现实生活压力，媒体上，《奋斗》《蜗居》《裸婚时代》这些热点性的电视剧把金钱问题赤裸裸地展示在公众面前，对金钱的渴望甚至成了一部分人的唯一追求。那些追求不到的人和追求过多的人，都不可避免地产生贪心，为了金钱，他们可以无视他人利益，无视人格尊严，损人利己，无所不为,这种畸形心理固然能换来金钱,与此同时也是自我毁灭的前兆。金钱并不是人性恶的根源,人之所以变坏,不是因为有钱,而是因为贪婪。当愿望变为贪婪,它也就不再是前进的动力,而是心灵的累赘。

据说,天神在创造各种动物的时候,蜈蚣本来没有脚。它每天只能把肚皮贴在地面爬向。蜈蚣到天神面前抗议说:"天神你真不公平,你给其他动物脚,让它们跑得飞快,却不同情我这个小小的虫子,我连一只脚都没有,怎么生存?"

天神怜悯蜈蚣,就对蜈蚣说:"那么,我给你两只脚,你就能像人类一样行走。"

蜈蚣不满意地说:"人类走得太慢了。"

"那么,我给你四只脚,你就能像马一样奔跑。"

"马有强壮的身体,我没有。"蜈蚣还是不满意。

"那么给你八只脚,你可以像蜘蛛一样。"

"可是我没有蜘蛛的结网技术。"

天神感到心烦,就对蜈蚣说:"这样吧,这里有一堆脚,你自己装在身上,想装几个就装几个。"蜈蚣欣喜若狂,把自己身上装满脚,它想有了这么多脚就能比任何动物跑得都要快。没想到,太多的脚磕磕绊绊,让它迈第一步的时候就摔了个跟头。等它终于学会了怎样使用这些脚,又发现使用这么多脚走路让它每天都生活在劳累中,还不如没有脚的时候。

蜈蚣本来是个幸运者,它有很多机会,既可以像蛇一样快速爬行,也可以像人类一样两脚支地,或者像骏马一样奔驰,像蜘蛛一样占据安稳的屋梁。可是,太强烈的欲望令它给自己身上装满腿。它以为拥有最多的腿,就能有最快的速度,实际情况恰恰相反,它每天都要因为这些腿,付出比别的动物更多的劳动,生活比之前更加辛苦。欲望有时能够给人奋发图强的机会,更多的时候,欲望带给人的是无休止的烦恼。

有一天,警车停在银行门口,警察带走了一个面有愧色的收银员,这个收银员利用职务之便贪污公款，其他银行收银员面色凝重，他们每天都在接触各式各样的钞票，无数张纸币经过他们的手，但他们能够奉公守法，做好本职工作，拿应得的报酬。只有少部分人纵容自己的贪欲，利用职务贪图他人的财富，这样的人给别人造成的，只是一时的资金损失，而对自己，却是一辈子的污点。贪婪毁灭人性，是每个人都应警惕的事。

美国经济学家萨缪尔森曾提出一个"幸福方程式"，他认为幸福=效用/欲望，效用是指手中财富转化为人们物质或心灵上的满足，效用与欲望成反比，欲望越大，幸福感越小。欲望太多的人，得到的东西看似很多，但真正享受到的却会越来越少，因为欲望已经占满了他们的心灵。物质上的东西，可以靠不断努力得到满足，心灵一旦产生空洞，却永远无法填补。控制自己的欲望，有节制地获取财富，享受财富，才能发挥金钱的真正价值，为幸福保驾护航。不贪心的人，总能收获更多的快乐。

日子总有不好过的时候

有理想的人让日子越过越好，没远见的人把日子越过越糟。

2006年1月5日，一位叫杨晓曼的姑娘举行婚礼，父母给她的嫁妆是一封劝告她要孝敬公婆、学处事、学做人的信，令人惊讶的是，杨晓曼的父亲是个百万富翁，她的公公也是有钱人，曾想送一款名车当做聘礼，这些都被杨晓曼一口回绝。杨晓曼说,自己的父亲从小就教育她,不要因为是有钱人的女儿,就放松对自己的要求,做一个寄生虫。

百万富翁给女儿的嫁妆仅仅是一封信,这件事引起了不小的轰动,不论是杨先生睿智的做法,还是杨晓曼不依靠他人生活的志向,都让人心生敬意。经过艰苦奋斗的杨先生不像多数父母一样,把自己的财产尽可能留给下一代享受。杨先生不希望自己的女儿当一个衣来伸手饭来张口的寄生虫,他认为一个人一定要明白生活的艰辛,才能真正打心底里渴望成功,发挥自己的能力,创造自己的价值。

在生活中,经常听人抱怨日子不好过,抱怨的内容五花八门,可能是猪肉涨价,可能是买房子出不起首付,也可能是工作不理想,老板不肯加薪。抱怨之后,他们不约而同地羡慕那些生活条件好的高薪阶层。其实,没有几个人生下来就是百万富翁,多数人都要从底层奋斗,高薪阶层最初也是为每个月房租发愁的小职员。

谁的日子都有不好过的时候,如何面对自己的"不好过"才是问题的关键,是自怨自艾、原地踏步,还是奋起直追,过上想过的日子。人的选择不同、行动不同,结果也就千差万别。有理想的人总会鼓励自己:"现在的日子虽然不好过,但将来一定会过上好日子。"成功的动力由此产生,有了动力,也就有了改变命运的机会。

两座山之间有一条小溪,一胖一瘦两个和尚分别住在东西山头的寺院,他们每天都要到山脚打水,每天见面的时候,他们会谈谈各自的寺院,不久成了好朋友。

有一天,胖和尚去打水,没有看到瘦和尚,一连十几天,都不见瘦和尚的影子。胖和尚以为瘦和尚生病了,挑了水去瘦和尚的寺院,发现瘦和尚拿着工具在掘井。

"每天挑水不累,为什么要掘井呢?"胖和尚问。瘦和尚说:"因为日子总有不好过的时候,比如到了冬天,小溪冻了,我们要凿冰,比如等我们老了,挑不动了,我们喝什么?"

胖和尚点头称是,回到自己的山头,他也拿起工具,准备开凿一口水井。

两个和尚各自占据一个山头,每天只要下山挑一桶水,日子就能过得很好。瘦和尚看到几十年后自己老了,没力气了,就会面临没有水喝的困境。于是他趁着身强力壮打了一口水井,为今后的生活做了万全的准备。

目光长远的人不会只考虑现状的安稳,他们知道即使现在日子很好过,将来总有不好过的一天,必须趁着自己有能力的时候做出应对措施。一个有眼光的人做每一件事都会为未来打算:高考的时候,他们根据未来想从事的职业来挑选专业;大学的时候,他们根据未来的就业意向考取资格证书;初入职场时,他们盯准自己想要的位置,努力学习相关的一切知识;有了自己的位置,他们会考虑进修、考虑出国镀金……他们所走的每一步都经过慎重的考虑,这样的人的日子也有不好过的时候,但谁都知道,他们的日子能越过越好。

在困窘的时候,要有安慰自己的能力,相信任何人都曾遭遇过挫折、贫穷、失败;在一帆风顺的时候,则要有危机意识,明白人会老,精力会衰竭,没有什么能够长久保值。一个懂得生活的人,想到的不仅是自己的现在,更多的是自己的未来,即使日子真的不好过也没什么大不了,至少他们拥有最健康最充实的心态,能够应对一切考验。

储蓄以备不时之需

存下的不是钱,是未来的幸福。

秋天到来的时候,一只猴子和一只长臂猿在收割完毕的麦地里散步,看到前方有一袋农民遗落的粮食,它们高兴地打开麻袋,平分了袋子里的麦子。高高兴兴地回到森林准备过冬。

第二年秋天来的时候,长臂猿邀请猴子去麦地散步,他说:"也许我们又会捡到一袋粮食,冬天就不用发愁了。"猴子说:"我们本来就不用为过冬发愁,去年捡到的麦子,我留了一半种在地里,现在已经丰收了,难道你没种吗?"

"我完全没想过这件事,那些麦子全被我吃掉了!"长臂猿说完,懊悔不已。

两只猴子撞大运捡了一袋粮食,一只猴子把粮食放在洞穴里吃了一个冬天,每天吃饱喝足,觉得自己十分幸运。另一只猴子留了一半粮食过冬,另外一半种在地里,以备明年使用。第二只猴子种地其实是一种投资行为,它让本钱生出利钱,并实现了资金的良性循环,明年、后年都会有回收的资本,长此以往,它会变成一只富有的猴子。而没有储蓄意识、投资意识的猴子只能把幸运维持一个冬天,到了下一年,它又是一只一无所有的猴子。

储蓄(包括投资)是日常生活中不能忽视的一个环节,储蓄或投资能够得到利息,更重要的是,储蓄是对未来的投资,它可以解决未来的就业、住房、进修、医疗、应急、养老等多种问题。有储蓄意识的人,不会漫无目的地花钱,更不会铺张浪费,他们明白有些钱现在花,不如在将来花。他们的日子有时看上去很节俭,却永远不会陷入潦倒境地。

过节的时候,工作两年的小杨带着给父母的礼物回到家乡,小杨的父亲是一个退休的老干部,听女儿说年底升了一级,就问:"升职是好事,你现在存款有多少?"

"我现在工资这么低,哪有余力存钱,等过几年工资涨了,再存钱不迟。"小杨回答。

"等你工资涨了,你的消费水平也会跟着涨,就拿最基本的租房费用,现在你住的是一个三人间,工资涨了,你自然想住条件更好的房子,到时候你还会说你没有余力存钱。"

小杨仔细琢磨,还真是这么回事,如果工资涨了,她肯定先要租一间更好的房子,买比现在更好的衣服,还是一样没有能力存钱,她只好问父亲:"那您说怎么办?"

"现在就开始存钱,每个月固定存一笔,工资高了就存多一点,低了就存少一点。养成习惯,才能积少成多,不然,你永远存不下钱。"

女儿小杨外出工作两年,竟然没有任何存款,而且没有意识到"零存款"的危险,强调自己不是不想储蓄,等赚的钱多了,自然会存起来。小杨的父亲却知道钱是一点一点存起来的,不能指望未来的薪水,因为人们无法预测未来的需要。储蓄应该是一种习惯,渗透到日常生活的各个环节,如果没有理财意识,女儿只能做一个"月光女神"。

"月光族"是当今时代流行词汇,特指现在的年轻人没有节俭意识,赚一分花一分,甚至赚一分花三分,没到月底就把这个月的工资统统花光。他们每个月的收入仅能维持基本开销,没有任何节余。"月光族"追求时尚,提出"会花钱才会赚钱",有强烈的消费欲望。他们安心享受着今日的风光,很少去想未来如何。

在年轻人眼中,这种生活很潇洒,很自由,在长辈眼中,这样的年轻人没经历过生活的艰辛,目光短浅。

一位退休的"月光女神"诉说了自己的心路历程:她是上海一家外贸公司的白领,每个月税后收入达到八千,这个喜欢随便花钱的女孩没有多少存款。有一次,她突然生了疾病,恰好家乡的父亲也住进医院,女孩一下子陷入困境,多亏朋友慷慨解囊,才让她在三个月的调养期内没有经济之虞。那之后,她从"月光女神"变成了储蓄罐,再也不敢胡乱花钱,她说人有旦夕祸福,消费固然重要,但多数的钱还是应该放在银行。

在上班族中,长期流传着一个经典的理财方式,薪水的 1/3 用来支付生活成本,1/3 用来供自己消费,另外 1/3 则要存入银行,以备不时之需。这是他人经过长期生活总结出的智慧,相信一定会对你有所帮助。

不要在今天花光明天的钱

明天有明天的事,不要在今天花光所有的钱。

这个月的发薪日是星期五,人事部的高小姐一整天情绪很好,她终于攒够了一笔置装费,明天就可以彻底改变自己的形象。

第二天,高小姐首先去美发店做了一个造型,才和闺蜜一起到市中心繁华商圈购物。高小姐想买一批秋季时装,包括外套、尖领衬衫、皮鞋、提包、毛衣、套裙等等。她走进一家精品店,看中一款高领纯羊毛蓝色毛衣,导购小姐殷勤地请高小姐试穿,看到高小姐很满意这件毛衣,她说:"这件毛衣是几个月前上市的,店里还有一批新货,款式更加新颖,也是这种淡蓝色,您要试一下吗?"高小姐经不住诱惑,一试之下,发现这件毛衣果然更适合。导购小姐适时说:"这件只比那件多350元,料子却好上很多。"最后,高小姐将这件毛衣放入自己的购物袋。

接下来,高小姐每看中一件货物,都会有人来推销品质更好、"只比您看的这个多××元"的东西,高小姐经不住诱惑,总额为1.5万元的置装费很快花完,她还有几件没买的衣物,只能向闺蜜告贷。

爱美是女人的天性,高小姐攒了一笔钱,想要在秋季打造新形象,她想买的东西刚好符合事前的预算。没想到,她碰到了一群专门煽动他人购物欲的导购小姐,在她们的精心介绍下,高小姐所买的每一件衣物都超过了自己心理上的价位,最后不但衣服没买全,还欠下债务。高小姐可以算是一个不理智消费者,被购物欲冲昏了头脑,忘记了钱包里钞票的总额,为了贪图一时的痛快,接下来的几个月,高小姐恐怕要过着艰难的生活,也许还会影响到她的冬装购置。

想要有更好的衣食住行是很多人的欲望,这种欲望刺激着人们的消费欲。但是,即使是千万富翁,也不能买下世界上所有的商品,每个人的资金都有一定的数量,超过数量就会负债,负债则会影响未来的消费,一个理智的消费者会牢记钱包的重量,想要消费的时候,他们会三思后行,他们精打细算地管理着自己的金钱,看上去比同等条件的人更富有。

陶先生是公司里有名的"理财专家",经济危机来临的时候,公司降低了职员们的薪水,大家都在省吃俭用,只有陶先生没受任何影响,同一办公室的人问他如何理财,他说:"理财不是一朝一夕的事,想要理财,就要从小做起,从小事做起。"

陶先生回忆了自己小时候如何养成理财习惯,那时候父亲每个月给他五元钱的零花钱,陶先生可以随意使用,如果月底之前就花完,这个月不会再有零用钱。小学六年,父亲一直按照这种方法给陶先生零花钱。

起初,陶先生和所有孩子一样,想买什么就买什么,一个月刚过一半,就花光了五元钱,后来他开始留意想买东西的价格,在掏钱之前计算自己还有多少"储蓄",再后来,他开始寻找省钱的方法,思索如何用最少的钱买最多的东西。他就这样养成了良好的习惯。

"我认为最重要的事是:钱的总数是一定的,千万不要超过自己定下的额度,超额支出是理财的大敌。"

经济危机到来使很多"小资"变成了贫民,物价的上涨让人们抱怨钱不再值钱。但理财专家陶先生没有受到影响,这归功于他从小养成的良好的理财习惯。更重要的是,他从不花额外的钱,开支永远小于收入,手头总能很宽裕,自然也就不害怕经济危机。钱的总数是一定的,在这个基础上,为自己定下支出的额度,任何时候不要超额,久而久之,每个人都能成为"有钱人"。

不论是地产商、银行、商家都希望"套牢"消费者的金钱,于是,鼓励消费就成了一种大趋势,不论是信用卡借贷,还是分期付款,商家想赚的不只是消费者今天的钱,还有明天的、后天的,控制不住消费欲望的人,轻易地掉进了商家许诺的陷阱,看似早早地住上了新房、用上了新车,实际上却把今后的日子变成了还债的日子。

在多数情况下,提前消费并不是个好主意,人们应该慎重地考虑它,在大事上,它也许能解决燃眉之急,但不能让提前消费变成一种习惯。金钱是一定的,消费却是常有的,还会随着物价不断上涨有越来越困难的趋势,面对各式各样的消费陷阱,人们必须冷静地提醒自己:明天还有明天的事,不要在今天就花光明天的钱。

按需生活是一种智慧

你饿了,手里拿着一个包子,你就是幸福的。

黄秋刚刚和丈夫买下一套房子,经过装修,70平米的三室一厅温馨舒适,能在结婚三年后就解决住房问题,黄秋心里得意,她打电话给自己的朋友们,向他们报告这个好消息。

一位朋友接起电话,心急火燎地问:"黄秋,听说你家前段时间装修房子,你找的是哪家装修公司?我家找的这个公司用的液体壁纸都是劣质的,我想换一家。"

回答了朋友的问题,黄秋好奇地问朋友什么时候买的房子,朋友随口回答:"刚买,130平米的,不大。"放下电话,黄秋发现自己再也没有心情欣赏刚刚装修的房子。

丈夫知道后安慰她说:"我们的房子有书房、有阳台、还有宽敞的客厅,舒服的卧室,还给未来的孩子准备了一个房间。如果再大一点,我们多出来的房间做什么?把它晾着不是浪费吗?我们要经常打扫它,还会增加额外的劳动,你说,我们要大房子有什么用?"

黄秋仔细一想,丈夫说的话的确有道理,比起大房子,适合自己的房子才是最好的,想到这,黄秋再一次满意地打量起自己的新房。

婚后不到三年就买了新房子的黄秋,可谓是一个有能力又有头脑的女人,她打电话想要炫耀自己的新房子,却发现一个朋友刚刚结婚就买了一个比自己大的房子,黄秋的自尊心受到了打击。丈夫及时开导她,人们应该按照自己的需要生活,房子的大小并不重要,重要的是适合一家人居住,不然,再大的房子也是摆设,还会浪费家人的精力。

常言道,女人衣橱里总是少一件衣服,这句话说的其实并不只是女人,人们总会觉得不满足,觉得生活中少了一些什么,他们不断地购置各种物品填满自己的生活,其实,这些东西很可能买回家就放在角落里,看都不会再看上一眼。究其原因,是人们并没有详细思考过自己的生活,对需要什么、不需要什么,心里没有定论,这种心理既会造成支出超额,也会导致无用消费。

美国宪法规定,总统的任期最多两届,而在二战期间,罗斯福获得全国上下的一致支持,连任三届美国总统,有记者采访他连任感想,罗斯福说:"在采访之前,请先吃一块三明治。"

记者吃下美味的三明治,罗斯福说:"请您再吃一块。"

记者又吃了一块,吃到一半时,肚子已经饱了,剩下的一半他只能勉强咽进去。罗斯福说:"三明治味道很好,请再吃一块。"记者连忙说:"感谢您的招待,三明治味道很好,但我已经吃饱,吃不下任何东西了。"

罗斯福笑着说:"您吃第三块三明治的感觉,就是我连任三届总统的感觉。"

在全国民众的支持下,超过宪法规定连任美国总统,对于罗斯福个人而言,是一项无上的荣誉,但罗斯福却用一个无奈的比喻形容了他连任总统的感觉。连任总统就像吃美味的三明治,第一块,滋味美妙,第二块,有点腻味,第三块,消化不良,如果一连吃上四块五块,恐怕这辈子都不想再吃三明治。由此可见,不论什么东西,多到一定程度都会成为负担。

一个退休的富翁想要过简单一点的生活,他决定精简自己的生活支出,只在乡间弄一栋小型别墅,然后他发现,房子太大需要佣人,一个佣人忙不过来又要再雇一个,乡间离城市路远需要一辆车,有车就需要司机……最后,富翁奇怪自己明明只想过简单的乡间生活,却仍然有很多仆人环绕着自己。

消费能力意味着一个人经济上的富有,但消费并不意味着心灵上的满足,有时候物质过于丰富会造成精神上的空虚,拥有自己不需要的东西,不仅是一种浪费,还是一种负累。

在现实生活中,商家为了赚钱,设置了各种各样的消费陷阱,有的时候是打折,有的时候是清仓,这的确是人们省钱的好方法,但同样有人为了贪图便宜,购置了根本不适合自己的东西,增加了额外的经济负担。按需生活是一种智慧,想要消费的时候,应该首先问自己:"我真的需要这个东西吗?""我真的用得到这个东西吗?"想明白这些问题的答案,自然知道该不该打开自己的钱包——与其让生活被不需要的东西占满,不如简单一点,保证每一件物品都能满足自己,这才是幸福的根本。

远离虚荣,最贵的东西不一定最好

昂贵并不意味着价值高。

尚伟和楠楠今年六月就要结婚,他们在年初就领到了房子钥匙,房子是尚伟和楠楠一致选择的二室一厅户型,洒满阳光的大厅让人一进屋子就感觉家的温馨。在房屋装修上,尚伟都按楠楠的喜好来,只在大厅装饰上,尚伟提出了自己的意见。

尚伟认为客厅是一个家庭的门面,要买高档的真皮沙发,而楠楠认为真皮沙发看着华丽却不实用,应该买价位低又漂亮的布艺沙发。小夫妻为沙发争论了整整三天,最后楠楠妥协,客厅里摆放了气派的纯皮棕色沙发。

没过几个月,烦恼接踵而来,尚伟发现一到夏天,沙发挨着皮肤的闷热感觉让他极不舒服,但为了美观,他不能在沙发上放太多垫子。有一次母亲牵着自家的小狗到家里做客,狗爪子在沙发上划了道小口子,高档沙发立刻成了残次品。最后,尚伟不得不接受楠楠的建议,把很快就破旧的真皮沙发换成居家实用型的布艺沙发。

在客厅摆放高档真皮沙发,一向被人们认为是有品位、有地位的象征,尚伟想买这样一套沙发,让客人们进门就看到主人家的阔气,是一种普遍的虚荣心理。楠楠却认为过日子讲究的是舒服,真皮沙发虽然漂亮,却太娇贵,不适合居家,她主张买美观实用的布艺沙发。事实证明,楠楠的想法更有远见,尚伟的虚荣让他吃下一枚苦果。

最贵的东西并不一定最好,最好的东西也不一定适合自己。买牛仔裤的时候最能明白这个道理,如果不能刚好贴合自己的腿部线条,显示出自己的身型,即使那是再好的名牌,再贵的经典款式,人们也只能遗憾地放下它,转身寻找适合自己的那一条。这种"牛仔裤思维"放在现实中任何一个方面都能适用。

当今,商家为了鼓励人们尽可能多地消费,在各种媒体上投放大量广告,把人们的生活质量和产品的牌子直接挂钩,给人们"使用我的产品,你过的就是最上等的日子"的错觉,但买什么样的东西,得到什么样的满足要靠自己的需要决定,盲目地追求奢侈品,只会让自己陷入虚荣的泥沼。

新进公司的琼芳是个朴实的农村姑娘,没过几天,办公室的女同事们就开始对她品头论足,她们认为琼芳的衣服太土,观念落后,一个大城市的白领竟然不知道打扮自己,何况,琼芳是个漂亮姑娘,每天穿着简单的衬衫和牛仔裤,简直是在糟蹋自己的美貌。

看到同事们为自己介绍衣服牌子、手机牌子,推荐健身房、饭店,琼芳不理解花几个月的工资买一个手提包到底有什么意义,花好几倍的价钱去西餐馆吃一顿牛排又算是什么享受、更不明白在这个冬天不会下雪的城市,买一件貂皮大衣有什么用处。同事们告诉她:"这是身份的象征。别人都这么做,你如果不这样,就显得比他们低一等。"琼芳又不理解"身份"和自己的生活有什么关系。尽管同事们觉得自己的生活很精彩,很富足,琼芳却越发感到她们的肤浅和虚荣。

琼芳是一个头脑清醒的姑娘,她没有被大都市的繁华冲昏头脑,也没有沾染同事们争相攀比的虚荣习气,她不会肤浅地认为名牌就是享受,也不会以为潮流就代表自己的品位。比起她那些每天都在挖空心思消费的同事,琼芳的生活因为简单而变得有质量,聪明的人总能在他人盲目的时候保持清醒,所以他们活得更精彩。

每个人的生活都有一个衡量标准,聪明的人自己跟自己比:"这个月有没有比上个月更好一些?如果差了,差在哪里?""今年有没有比去年更好?是的,家里添置了很多东西。"这样的生活随时都处于一种满足状态,他们看到的永远是希望。还有一种人,自己跟别人比:"这个月虽然比上个月收入多,可是比起××,还是差太远了,真不舒服。""今年虽然买了很多家电,但比起××家,还是太少。"有这种思想的人只会感受到自己的失败,哪有心思感受生活的幸福?

很多时候,人们穿戴名牌,并不是为了自己舒服,而是为了让别人看见,人们进入昂贵的饭店,也不是因为那里的饭菜可口,而是为了炫耀自己的体验。一旦虚荣变成追求,人们就会想方设法穿更贵的名牌、进更好的饭店,生活的目的不知不觉间被扭曲,"追求好的生活"变为"追求给别人看的生活"。虚荣者活在别人的眼光中,为了成为别人羡慕的人而失去自我,这是最昂贵的代价。

每一分钱都要用在"刀刃"上

幸福来自每一个微小的点滴。

海边有一片西瓜地,有一天,瓜农带着他的两个儿子来到地里,他对两个儿子说:"现在,你们一人去摘一个最大的西瓜给我,注意,你们不能往回走,只能摘一个瓜。"

两个儿子走在西瓜地里,很快,他们回到父亲身边,大儿子手里的瓜比小儿子的足足小了一大圈,父亲问大儿子:"你是怎么摘的瓜?"大儿子说:"我看哪个瓜都像最大的,走到最后才摘下一个。"

"那么你呢?"父亲问小儿子,小儿子说:"我在前一半路程中,留心观察地里的瓜,把瓜分成大小两部分,用手比量着记下它们的大小。在后一部分,我忽略那些小瓜,比量着找到了最大的瓜。"

两个儿子按照父亲的吩咐去摘瓜,一个看哪个瓜都像最大的,挑到最后,只能胡乱摘下一个交差。另一个从一开始就用心地记下每一个瓜的大概大小,在"大瓜"的基础上挑了一个更大的。同样去一块地摘瓜,两个儿子所得不同,区别在于他们有没有运用自己的智慧。

即使是一件小事,用心思考后再去做,也能有丰厚的收获。生活中智慧无处不在,金钱的使用也像是在一片地里摘瓜,聪明人会用最少的钱买最多的东西,将金钱的价值发挥到最大。现代人常在琳琅满目的商场和超市里为买东西挑花了眼,是因为他们要么没有确定的目标,要么嫌麻烦,每次都乱买,没有明确目的的购物总要花掉额外的金钱。

俗语说"货比三家",聪明的消费者买东西,首先要剔除那些外表华丽,中看不中用的花哨物品,然后再确定目标,记下这件物品的牌子、价格,去更多的商店寻找性价比最高的一种。这样做看似麻烦,但生活中常有的消费就那么几种,开始的时候确定好目标,"毕其功于一役",今后每一次消费都是在省钱,时间长了,省下的金钱一定抵足了第一次的劳累。

小明的父亲孙先生有个爱好:收集烟斗。他经常去北京潘家园的古董街寻找老旧的烟斗,也会在网上订购古波斯的旧烟斗,还有印度的水烟斗,甚至欧洲国家传统的吸烟工具,每一年,孙先生在他的爱好上要花不少的钱。

孙先生对待烟斗大方,对小明的教育却很严格,不许孩子乱花钱。小明觉得委屈,抗议说:"你买一个烟斗的钱是我一年的零用钱!"孙先生说:"花钱可以,花钱多也可以,但要物有所值,不能乱花。我买烟斗买到了享受,你胡乱买玩具,回家就扔,钱不都被你浪费了?"

一开始,小明不相信父亲的话,后来小明迷上了集邮,父亲每个月都会提供给他一笔固定的零用钱让他购买邮票,小明才终于明白了父亲的苦心。孙先生并不怕孩子花钱,他怕的是孩子养成浪费的习惯。

孙先生喜欢收藏烟斗,儿子小明一开始不理解父亲为什么对烟斗大方,给儿子零用钱却很"吝啬",直到自己开始集邮,才发现父亲只是想要培养他良好的用钱习惯:金钱要用来购买物有所值的东西,一个东西对自己有价值,即使昂贵,买下来也不算浪费。对于那些可有可无的开销,则要尽量避免,这才是正确的消费之道。

"不浪费"并不意味着吝啬,我们所购买的商品本身,是为了满足物质和心理上的需求,做一个守财奴并不快乐,真正有用的东西,应该在能力范围内买来享用。

幸福的生活需要点滴用心经营,每一分钱都来之不易,应该花在最该花的地方,也就是人们常说的"有钱要花在刀刃上"。这个"刀刃"并不仅仅是指紧急情况,还包含了日常生活中的爱好、需要,把每一分钱都用来充实自己的生活,让每一笔收入都有独特的价值,在这个意义上,幸福可以用金钱买到,而且可以买到很多。

不要做金钱的奴隶

金钱一旦成为供品,就失去了它本来的意义。

在古代波斯,一个勤劳的年轻人靠贩卖精美的地毯,赚了一大笔钱。他对着一大堆金币陶醉不已,并请一位著名的工匠打造了一个精美又保险的箱子来装这些闪亮的金币。

年轻人把箱子埋进了自己的后花园,休息的时候就把箱子挖出来,对着金币陶醉一番。有一天,年轻人发现箱子被人偷走了,他号啕痛哭,引来了街坊邻居。

一位邻居说:"不要哭了,箱子里的钱,你不是已经花得差不多了吗?"

年轻人说:"我怎么舍得花?一分都没动过!"

"那么,没有这些钱和有这些钱,对你有什么区别呢?"

第一次赚到钱的年轻人,对着一大堆金币想到的不是马上花掉,而是储存起来,本来是一件节省财富的好事,可是他并不了解财富的价值,他不用这笔钱去做更大的生意,也不改善自己的生活,整天只知道看着金币陶醉,把金币变成自己生活的重心,俨然成了金钱的仆人。金币被偷走后,年轻人哭得撕心裂肺,邻居奇怪年轻人根本不用这笔钱,为什么还要伤心,也许那个盗贼更知道如何使用这笔钱。

俄国作家果戈理有篇著名小说《死魂灵》,小说里有一个叫泼留希金的农奴主,他是个富翁,却比任何人都吝啬,他穿最破旧的衣服,吃最简单的食物,所有的金钱都堆在仓库,一分不花。他虽然是个富翁,看上去却不如一个贫民,他仍然贪婪,对金钱的渴望达到令人发指的程度,但他已经完全沦为金钱的奴隶,再多的财富对他有什么用处?

金融家摩根说:"要用游戏的心态去赚钱,决不能为金钱生活,让金钱变成负担。"过分在乎金钱的人,在贪欲无限增长的同时,"节俭"的欲望也愈发强烈,得到财富、积累财富成为他们的人生意义,全然忘记了生命的本质与金钱无关。这样的人连自我都没有,更谈不上享受人生的幸福。

唐女士是典型的家庭主妇。她的标准动作是每天晚上打开台灯,拿出账本和计算器,记录和计算家庭开支,在她的账本上,家庭花销分门别类,记载得一清二楚。

唐女士的账本共有三个部分,第一部分是消费,包括生活费用、文化费用、交际费用、临时费用。第二部分是保值,包括存款、保险、医疗等项目。第三部分是升值,包括股票、债券、基金。唐女士详细给每个部分限定了金额,经过三年的总结,这三个部分的比例是 4:4:2,最近唐女士正在研究如何购入基金,她想增大"增值"的比例,让自己的家庭拥有更多的可支配金钱。

唐女士是个有经济头脑又会生活的人,她清楚财富的价值有三种,一种是供人消费,一种是保值,另一种是升值。对待金钱,多数人选择第一种和第二种方式,想要过得富裕,就要开动脑筋,越来越多的人想要利用手头的资产来换取更多财富,这些财富的目的是为了使家人过得更好,唐女士不但有好的头脑,也有健康的消费观和金钱观。

想要有效利用手中的金钱,首先要明确自己是财富的主人,自己追求财富的目的是为了生活,而不是财富本身。只有把财富当成工具的人,才能在得到财富时,不会失去本心,变得贪得无厌;失去财富时,也能保持平常心,安慰自己"千金散尽还复来"。

一位商人对记者说起他年轻时的梦想,他希望赚钱买一栋海边别墅,每天在工作之余在窗前欣赏海景,在日落时候在海边散步,以及在自己的庭院里种上喜欢的花草。记者说:"您的梦想已经实现了,您可以轻松买到十几栋海边别墅。"商人说:"可是我忙着赚钱,完全没有时间去海边,所以,迄今我也没有买到这栋梦想中的别墅。"

任何事物都有两面性,金钱能够给人的生活带来快乐,也能给人们带来无尽的烦恼。当对财富的追求代替了对生活的追求,财富不能实现昔日的梦想,只给人一个富裕的现状和对过去的遗憾。所以,必须记得人生的快乐只能在生活本身挖掘,财富只是得到快乐的手段,一个快乐的人,需要学会为金钱忙碌,为心灵暂停。

今天少花钱，明天就会有更多的钱

节省是财富的另一大来源。

多多和绰绰是生物制药系研一学生，每个月系里发下800元补助，多多买几件衣服，逛两次超市就会把钱花完，绰绰每个月都有节余，还经常在多多手头紧的时候借钱给她。多多纳闷地想："同样是800元，也没见绰绰吝啬，也没见她出去打工，也没见她问家里要钱，怎么她的钱总是花不完？"

多多留意观察绰绰，她发现绰绰有个本子，上面记了她每天的花销，就连一元钱的去向也写得明明白白，多多问绰绰："记账就能省钱吗？"绰绰说："当然能省钱，每次翻开这个账本，我就会找出自己在什么地方花多了，哪件东西我根本用不上却花钱买了，今后再花钱的时候，我就会注意这些问题。我看你也需要一个账本，所以今天买了一个笔记本送给你，今后你也把花掉的钱一笔一笔记清楚，就不会出现入不敷出的情况了！"

从这个故事里我们很容易就能看出，多多和绰绰都不富裕，她们的生活费来自每个月的800元补助，同样数额的钱，多多花得快，绰绰总有节余。区别就在于绰绰花钱用脑筋，通过记账的方式随时掌握自己的资金流向。记账的目的是为了省钱，通过分析账本，什么钱该花、什么钱不该花，一目了然，把浪费杜绝在源头，自然就有"花不完的钱"。

如果一个人的收入是固定的，节省就是财富的另一来源。开源节流是控制金钱的最好办法，与其事后想办法补上，不如在开始的时候尽量删减不必要的开销。手头不宽裕的时候，节约尤为重要，脑子里时刻要有清醒的节约意识：除了必需品，没有什么东西非买不可。

　　入不敷出是最糟糕的财政情况，这种情况的发生可能是因为暂时性的贫穷，随着个人经济实力的增强，它会逐渐改善最后消失。另外一种入不敷出，是由人们的浪费造成的，不注意储蓄，不注意节俭，脑子里没有金钱观念，随意花销，想买什么就买什么，最容易造成资金短缺，如果一个人总是处于赤字状况，那么他或者会债台高筑，或者要为改变经济状况铤而走险，这都是人们不愿意面对的窘境。

　　细心的人也许会注意到，超市的每个收银台上，都摆放了一些糖果、零食、小商品，这些东西每个只需要几角钱，顾客有时候懒得拿零钱，就会随手拿起它们。小凡是在萍萍的提醒下才注意到这一点。

　　小凡是个怕麻烦的女孩，她不喜欢在钱包里塞满硬币，每次购物都会随手拿起一个棒棒糖抵消零钱。萍萍和小凡不同，她会把零钱拿回宿舍，扔进储蓄罐。每个月整理储蓄罐里的零钱，换成纸币，一学期下来，这些零钱就变成了回家的卧铺票，萍萍说："超市不会放过任何一个赚钱的机会，所以我们也不能放过任何一个省钱的机会。"

　　"不放过任何一个省钱的机会"是有经济头脑的人的共识，能省则省是他们累积金钱的法门，他们不会轻视找零时的一角硬币，也不会为了方便就把超市找回的零钱换成糖果或其他无用的物品。积水成渊，看似微小的东西有了足够的累积，都会变得庞大，金钱也是如此。

　　经常有人抱怨说，去一趟超市总会买很多额外的东西，如果用的不是现金，而是划卡，花费就会更多，他们根本不知道钱是怎么花出去的。不想在事后懊悔，最好在事前制定详细的计划，购物之前写一张购物单，把要买的东西一一列出，到了商店后严格执行，直奔目标，不但省了金钱，也省下不少时间。想要买东西的时候也不要被各种广告忽悠，要先问问自己"这个东西是不是必需的，能不能省下来？"

杜绝挥霍也是一种节约办法，有些人心情不好的时候总想用购物发泄，买一些平时不敢买的东西，这种缓解压力的方法有一定效果，但要注意节制，超额的花销和随之而来的赤字只会让压力变得更大，情绪变得更糟。即使在情绪差的时候，也要记得金钱的来之不易。没有小钱就不会有大钱，你不爱惜钱，钱也不会来找你。正是"省小财，积大富"。

拥有清醒的债务意识

不要随便向人告贷，如果不能及时偿还，不是失去信誉，就是失去朋友。

汶川大地震的时候，有个中过500万彩票的人，拿出200万捐给灾区。捐赠现场当即轰动起来，人们都在赞扬这个人的慷慨。在之后的采访中，该人谈起了自己的金钱观。

自从中了彩票后，经常有亲友向他借钱，请求帮助。这个人说，自己并非不想帮助这些人，但借钱解决不了根本问题。当亲友向自己借钱时，自己只会有选择地提供帮忙。

个人捐款200万,对中了500万彩票的人,的确不是一个小数目,这个举动包含了这个人的爱心。而这个人对金钱的看法同样发人深思,他并不是一个小气的人,但对于求助的亲友,却不会有求必应,而是选择性的"救急",借债并不是解除危机的办法。摆脱困境不能依赖别人,要靠自己的努力。

生活中难免出现意外情况,有时手头太紧需要支援,有时资金刚好不足需要周转,有时遇到意外事故急需一大笔钱……每个人或多或少都遇到过这种情况,或者向别人告贷,或者成了别人的债主,只要能够"好借好还",借钱并不是一件大事。但对于借钱的人来说,跟亲友开口就能得到一笔资金,这种简单的方法一旦成了习惯,就会产生依赖性,以后遇到困难首先想的不是自己克服,而是找亲友诉苦,久而久之,没有良好的金钱习惯,倒成了拆东墙、补西墙的借债高手。

春节刚过,朱君换了份工作,他最大的愿望就是能在今年还清自己欠下的债务。

大学毕业后,朱君在找工作时欠了朋友一笔钱,刚开始工作工资低,资金紧张,朱君在没有还清债务的情况下,陆陆续续又借了一些钱。朱君喜欢摄影,工作刚四个月,就迫不及待地以分期付款方式买了一台单反相机。他总认为自己有能力还清欠下的债务,实际上,债务越积越多,每个月工资发下来,他要还掉一些钱,却发现自己还需要更多的钱,不得不再次借债。虽然下了还钱的决心,朱君也不确定自己的目标在今年之内能不能达成。

朱君的遭遇经常发生在初入社会的年轻人中,简单的大学生活不能培养出他们的金钱意识,一旦工作,各个方面都需要金钱,告贷在所难免。多数情况下,这只是年轻人刚刚独立,一时的不适应,像朱君还没有还完钱,却有胆量不停地借,甚至分期付款买昂贵物品的行为,会造成很长一段时间的入不敷出,他们也会为自己的鲁莽交上昂贵的学费。

当过债主的人都知道，债主有时比借债的人更为难。来借钱的不是亲朋就是好友，遇到困难才不好意思伸出手，自己如果有能力，都想帮一下忙，但在金钱不充裕的情况下，借出去的钱就成了一笔额外开销，特别是如果借钱的人没能按时归还，或者没有能力归还，这笔钱就成了"死钱"，成了一大笔消费。所以，为了自己也为了他人着想，不要轻易借钱，需要借钱的时候一定要确定自己有还钱的能力。

借债不但要考虑自己能不能偿还，还要考虑欠钱的后果，俗语说"算计不到才受穷"，生活需要精打细算，借来的钱不论是为了救急，为了创业，还是为了周转，都不要多借，而且要让它发挥应有的作用，要为自己强制规定还钱的日期，尽量省吃俭用，尽快还掉欠款，才能"无债一身轻"，以最佳状况规划自己的生活。

想要有好的经济状况，就要拥有清醒的债务意识，尽量不向别人借钱，要自己解决。不论当债权人还是债务人，"债"都是一个令人烦恼的字眼，要尽量远离。对于借债的人，经济宽裕的时候不妨出手相助，不要总是想着那些借出去的钱。如果手头没有那么多资金，也不能死要面子，借钱给别人耽误自己的生活。总之，在经济方面，没有债务是生活的最理想状态，每个人都应努力做到。

第七辑

生活需要用心,幸福在于发现

　　生活不需要雄才大略,却需要深思熟虑,用心做事的人往往取得成功,用心生活的人常常感到快乐。每一幅绚丽的图画都需要平展洁白的画布,每一份幸福都需要坦然安详的心灵容纳,留意每一个细节,因为生活中的一点一滴,都可能是幸福的源泉。

爱笑的人运气不会太差

以微笑面对生活，以真诚打动命运。

旧历年年底，照相馆即将下班的时候，一位母亲带着女儿走了进来，女儿只有五六岁的样子，穿着朴素却干净，她似乎没进过照相馆，踮着脚在大厅看墙上挂的一幅幅黑白或彩色照片，照片里的小孩都穿着漂亮的衣服，她拉了拉妈妈的手，对妈妈说："妈妈，我们能不能不照相了？"

妈妈说："为什么不照？"小女孩说："我们穿的衣服这么旧，照上去也不好看。"妈妈摸着小女孩的头说："可是，只要你记得微笑，你仍然是最漂亮的小女孩。难道不是吗？"

女孩听了露出笑脸，高高兴兴地跟着妈妈进了照相间。

如果一张照片上留下母亲和女儿微笑的脸，即使从她们朴素的服装上看到生活的艰辛，在她们的笑容里，也能看到对生活的热爱和对彼此的关怀体贴。相反，如果母女俩在照片上愁眉苦脸，人们看到的仅仅是一种不愉快的压抑，以及生活对人的压迫，母亲说，记得微笑的人最漂亮，因为微笑本身就代表了对生活的肯定和感恩。

人们常说"笑比哭好"，生活有时就像一面镜子，你哭它就跟着哭，你笑它也会跟着笑。爱笑的人通常拥有更好的运气，因为笑容代表乐观坚强，充满希望，而哭泣则是抱怨、是失望,是生活中负面情绪的累积。在北京地铁车站,有一面用众多人的笑脸组成的"微笑墙",不分国界、不分年龄、不分职业的人在这面墙上展示自己的笑容,路过的人看到这面多的微笑,心情不自禁积极起来。这就是微笑的力量。

俗语说,笑一笑,十年少,笑容即使不代表身体的健康,也代表心态的乐观。微笑本身有神奇的魔力,特别是在困难面前,笑容是一种积极的暗示,能够变为勇气和克服困难的决心。微笑是一种自信,可以带给自己信心和能量,在笑容面前,失败会变小,希望会变大,人生充满光明。

最近,马上要从职高毕业的小周到处找工作,这一天她去一家大型酒店应聘,这家酒店正在招聘大堂服务员和大堂副理,凭着出色的容貌和成绩,小周有信心拿下这个工作。

来面试的人很多,人事经理仔细考核每个人的能力,阅读每个人的简历后,当场录用了一个不太起眼的女孩。小周百思不得其解。等到招聘结束后,小周站在公司门口等人事经理,礼貌地说:"您好,我是今天来应聘的周××,我知道自己的能力没有达到贵公司的要求,想要冒昧地问您一句,我身上究竟有什么不足,让贵公司选择录取其他人?"

经理很欣赏小周的勇气,对她说:"录取的那个女孩,不论是外貌还是学历都不如你,但她是个爱笑的人,笑起来让人觉得踏实又舒服,这样的女孩在大堂迎宾,会让旅客有宾至如归的感觉。"

小周恍然大悟,回家后对着镜子苦练微笑,不久,她在另一家大酒店找到了满意的工作。

酒店对大堂服务员的要求,不是相貌和学历,而是让人舒服的微笑,能力出众的小周在经理的提点下,及时注意到这个问题,当她能够发自内心对客人微笑,好工作也就唾手可得。

微笑看似一个小小的动作，却是服务业最基本的要求。美国希尔顿大酒店也有同样的宗旨，他们认为微笑是成本最低、回报最高的一种投资。当远行的旅客风尘仆仆走进旅店大厅，最想看到的就是如家人一般亲切的微笑，而服务人员的笑脸，恰好能抚慰他们的疲劳，让他们愿意放下手中的行李在这里休息，所以希尔顿酒店的董事长说："是微笑给希尔顿带来了繁荣。"

酒店如此，人也一样，当一个人愿意对他人微笑，他就在无声无息中递出橄榄枝，向周围人传达了友好的讯息。表情最直接表达了人的情绪，而微笑能够传达的恰恰是幸福的感觉，当你面对一个微笑的人，他发自内心的愉悦总能感染周围的空气，让人们感受到他的真诚与开朗。爱笑的人朋友多，因为人天生有向阳性，谁都喜欢接近温暖的事物，人与人的情谊来自相互青睐，每一个微笑，都给了他人一个了解你接近你的机会。

漫步人生路，当你觉得寂寞的时候，不妨给自己、给他人一个微笑，因为微笑是浇灌心灵的泉水，所到之处必定开满花朵。

除非有充足的证据，否则不要轻易评价别人

对流言蜚语最好的回应就是不加理睬。

有一座欧洲小镇，那里的人淳朴善良，人与人相互信任，很少有摩擦，每日过着平静快活的生活。

有一天，从外省搬来一户人家，女主人是个长舌妇，搬来不久，就开始搬弄是非，说东家长西家短，在她的影响下，邻居们开始对周围的人充满怀疑，不是认为别人占了自己的便宜，就是觉得别人说了自己的坏话，居民们互相猜忌，终于有一天，爆发了激烈的口角。

镇上的法官负责调解纠纷，当他调查这些纠纷的根源，发现都是那个外来的女人所为，人们愤怒地将女人赶出小镇，互相道歉，表示谅解。

可是，小镇并没有恢复昔日和睦的状态，人与人一旦产生裂痕，就再也无法弥补，直到现在，那个小镇上人与人间的关系依然出奇地冷淡。

一个长舌妇毁掉了整个城镇人与人的信任，这个故事看似匪夷所思，却是历史上真实发生的故事，俗话说"流言止于智者"，小镇上并非没有智者，但智者毕竟是人群中的少数，多数时候，流言一旦开始散播，就像火苗扔进森林，再也遏制不住势头。即使最后找到了火灾的源头，惩办了那个引起火灾的人，巨大的损失也已造成，无法补救。

并不是每个人都喜欢搬弄是非,在我们的生活中,无中生有的小人并不多,可生活圈子里只要有一个这样的人,随便说几句捕风捉影的话,就能让所有人都知道,甚至信以为真,让当事人深受其害。人们为什么愿意相信没有根据的事?因为在谈话的时候,每个人都没有为他人负责的意识,他们随意谈论其他人的事,不管这件事是真是假,是好是坏,他们只当做一件和自己没有任何关系的消遣,听到的人也不会费力气追究事情的真伪,他们像说话人一样,随意地听,再随意地和更多的人说,不知不觉间,每个人都成了搬弄是非的人。

传播流言的人并不认为自己参与了造谣活动,他们会说:"我是听××说的。""我又不是新闻记者,没有必要寻根究底,查明事情真相"。不明真相就跟着别人乱说,已经是对他人不负责任,找借口推脱,更是对自己没有基本的人格要求。而那些喜欢打听东家长李家短,动辄猜测别人心理,添油加醋地毁坏他人形象的人,更是众人心目中的小人。话虽如此,谁也不敢得罪这种人,因为人们都害怕会成为他下一个谈论的对象。于是,在众人的纵容下,谣言越说越离谱。

一位新婚妇女正在门前和邻居们谈话,她是房子主人的后妻,一个温和善良的女人。邻居们都喜欢她,她们七嘴八舌地谈论房屋主人前妻的儿子。

"这个孩子太可怕了,他总是趁我们不注意,将我们的玻璃砸坏。"一个老太太说。

"这个孩子身上没有一丁点绅士的影子,他曾经在垃圾桶里捡死兔子烤。"

"要照顾这样一个孩子,您真是辛苦了。"大家对妇女即将面对的难题表示同情。

妇女说:"每一个孩子本性都不坏,如果他做错事,只是因为缺乏正确的教育,我不相信他是一个坏孩子。我会把他当做世界上最聪明的孩子来看待。"

妇女是这样说的,也是这样做的,后来,她的继子成了一个有成就的人,所有人都知道他的名字,他就是戴尔·卡内基。

故事里的妇人刚刚和人组建新的家庭,她的所有消息源自街坊邻居,这些妇人评价卡耐基是个坏孩子,她们的评价并非捕风捉影,卡耐基的确做过很多出格的事,但在卡耐基的新母亲眼里,淘气是小孩子的天性,如果一个孩子太过淘气,做了很多错事,那一定是大人的责任,做检讨的应该是这个孩子的教育者。妇人说她会把卡耐基当做最聪明的孩子看待,卡耐基在她的信任和教育下,最终成为世界闻名的励志大师。

是非终日有,不听自然无,在生活中,仅仅"不听"还不够,还要有看穿谣言的能力,只有不被谣言影响,才能真正认识他人,信任他人,只有那些真正尊己重人的人,才愿意透过谣言看穿本质。而对被谣言困扰的人而言,费力解释倒成了一种掩饰,还有越描越黑的嫌疑,不如任它自生自灭。俗话说,日久见人心,时间一长,谣言不攻自破。但丁说过:"走自己的路,让别人去说吧。"就是在奉劝世人把时间放在走路上,而不是听取谣言上。

一位智者正在教导自己的弟子,让他们谨言慎行,不要随意谈论他人的是非,弟子说:"可是,每个人都在谈论他人,这种事怎么能禁止?"智者说:"拿一把鸡毛洒在风里,你还能把它们找回来吗?是非就像鸡毛,一旦说了,就再也收不回来,你不能要求他人,难道还不能要求自己吗?"

谣言伤人害己,不但对别人的声誉造成伤害,而且影响自己的形象,试想一个美人整天谈论是非,谁还会认为她美?没有充足证据不要谈论别人,做人要讲原则,讲话要留口德。

体谅别人难处，才会被人体谅

把别人当做自己，谅人就是谅己。

羊、牛、猪、鸡四种动物住在同一个农场，每当一只猪被抓出栅栏，总会发出撕心裂肺的叫声，羊和牛不胜其烦，它们抱怨说："这些猪怎么总是大喊大叫，它们有没有想过，这样会耽误别人休息？"在一边下蛋的鸡说："人类抓你们出去，是要挤你们的奶，剃你们的毛，他们抓猪，是为了杀掉猪吃肉，它怎么能不大叫呢？"

羊和牛听了，羞愧地低下头，从此以后，它们再也不抱怨猪的吵闹。

同一个农场里的动物，生活习惯不同，性格状态不同，难免会有磕磕碰碰，正在休息的牛和羊听到猪在尖叫，怨气冲天，怪猪打扰了它们的好梦。一旁的母鸡提醒它们猪马上就要被杀，尖叫也在情理之中，这个时候应该对猪表示同情，而不是怨恨。难道一时的休息比一条生命重要？母鸡的着眼点与牛羊不同，牛羊只看到旁人对自己的打扰，母鸡看到的是旁人的遭遇和苦难，所以它能够体谅悲惨的猪，这也是人们常说的"换位思考"。

换位思考是不仅是对他人的一种体贴，更是一种建立良好人际关系的方式。当人与人出现摩擦，与其吵架，不如先静下心来想一想为什么会出现这个问题，问题究竟出在自己身上，还是对方身上？如果责任在对方，对方是遇到了困难，还是因为某些原因心情不好？如果能够及时发现原因，体谅旁人一时的失礼,你收获的将是旁人的敬意和感激。

智者说:"快乐的秘诀很简单,快乐不是一个人的事,如果你愿意把自己当做旁人,把旁人当做自己,你就能够以旁人的快乐为快乐,在旁人悲伤的时候,你也能够为他带去快乐。"智者所说的正是我国古代有名的"独乐乐不如众乐乐",每个人成长经历不同,性格不同,人生方向也不同,想法自然就不同,相处之时如果不能互相尊重体谅,摩擦会变成偏见,偏见会变成敌意,敌意有时甚至会恶化为仇恨。那些性格温和、愿意为他人着想的人,也经常得到他人的体谅和援助。

王明是一家小工厂的老板,因为市场缩小,他的工厂只能艰难地维持运营,终于有一天,他召开全体工人,给了每个人一笔遣散费,带着歉意对他们说:"不好意思各位,工厂亏损严重,即将倒闭,这些是我最后的财产,我希望这笔工资能暂时维持你们的生活,直到你们找到更好的工作。"

办公室一片寂静,很久没有人说话,突然,有个女工流下了眼泪,将手中的工资袋放回王明的办公桌,接下来,工人们一个接一个地将工资袋放了回去,一个销售员说:"我们的工厂只是暂时遇到了苦难,现在就说倒闭还太早,我们应该共同努力,渡过难关!"

那一天,没有工人辞职,他们同心协力,主动寻找市场,处理了积压的货物,同时加班加点开发新产品,提高市场占有率,不到一年,公司起死回生。

工厂即将倒闭,厂长王明首先想到的不是尽量减少自己的损失,而是担心员工们的生活,他把最后的财产分给员工,希望他们能在找到下一份工作之前维持生活。一心一意为员工考虑的他,得到的是员工们的忠诚,没有员工愿意在困难时刻离开工厂,他们齐心协力和王明一起渡过难关,一个工厂能够起死回生,靠的不是运气,而是厂长一个善良的念头。

在美国有一个类似的故事,经济危机到来的时候,一家小银行面临破产,银行主人给每一位储户寄了一封信,表示自己会倾尽所能弥补他们的损失,在之后的岁月,银行主人履行了诺言,在经济低迷的时候尽量偿还储户的存款,这位银行主人也得到了所有储户的尊重。为他人着想,代表的是一个人的责任感,当一个人想要为更多的人负责,为更多人解决实际困难,他会在不知不觉之间变得优秀,成为众人依赖的对象。

常言道好人有好报,但社会的复杂,人心的难测,使付出和回报并不是完全对等的关系。有时候你为他人考虑,他人未必为你考虑,甚至还会利用你的好心,这种无可奈何的事在现实生活中时有发生。但是,不能因为黑子的出现就拒绝太阳,也不能因为某些不良现象,就否定人性的善良。在提高警惕,防止被人利用的同时,也要心存善念,有时候宁可自己吃一点小亏,也要体谅一下别人的难处,得失常有,内心的安乐才是我们的追求。

静下心来,听听别人怎么说

耐心地听,你就是最好的谈话者。

直播间正在录制新一期的谈话节目,主持人问前来做嘉宾的小朋友:"长大后,你有什么理想?"小朋友兴奋地说:"我要当一个飞行员,开波音飞机!"

主持人又问:"那么,如果飞机的机油用光了,你怎么办?"小朋友说:"我会让整个飞机的人系好安全带。""你呢?""我绑好降落伞跳伞。"

现场观众哑口无言,随即哈哈大笑,另一位主持人说:"童言无忌,童言无忌。"前一个主持人注意到小朋友郑重的眼神,不禁多问了一句:"跳伞以后呢?"

"我要去拿飞机机油回到飞机上,再把乘客送到他们要去的机场!"小男孩握紧他的小拳头,场内观众由惊讶慢慢平静,露出会心的微笑。

直播间里小朋友说起未来志向,主持人问他如果他当了飞行员,遇到危险该怎么办,小朋友说他要马上跳伞。放着乘客的生命不管,自己去跳伞,这位小朋友的形象一瞬间从有理想的孩子变成了自私自利、不顾他人安危的人。幸好主持人及时发现小朋友郑重的表情,多问了一句:"然后呢?"小朋友的回答让全场观众肃然起敬,原来他并不是想逃跑,而是要去救人。短短的一句话,一个人的形象大落大起,如果主持人没有多问一句,可以想见这位小朋友将会遭受多么大的误解。

两个朋友正在商店里买手机,一个看中了最新上市的手机,问另一个人的意见,另一个人说:"这个手机外形不错,功能也多……"话还没说完,买手机的人兴冲冲地付了钱,回到家发现手机虽然功能多,但手触屏用起来相当麻烦,他怒气冲冲地打电话给朋友,朋友苦笑着说:"我的下半句话想说,但是,它是手触屏,用起来可能不舒服。你没有把我的话听完就付了钱,我有什么办法?"

没有耐心的人,听话只爱听半句,匆匆忙忙下了结论,不理会别人刚刚出口的"但是"、"可是",不但不能理解他人的意思,还误以为别人给自己出了坏主意。可见没有听清楚别人的话就妄下论断,不但是对他人的不尊重,也是自己的损失。

仪表厂的赵经理正在和员工谈话,谈话对象是今年刚进厂子的销售员,长得虎头虎脑,嘴巴却很灵,脑子也好使,是赵经理重点栽培的人才。

"这一次我们的目标是拿下这次招标的单子。"赵经理话音刚落,销售员拍着胸脯说:"交给我吧!我这就去和招标的厂商联系!"

"你等等!"眼看销售员拿出了电话,赵经理大叫说:"我还没说完,这次的招标我们已经得到消息,对头公司的底价比我更低。"

"没问题！我们可以在价格基础上赠送他们一批设备，我知道咱们厂子去年有批货没有销路，压着也是压着。"

"你等等！"眼看销售员已经在按电话键，赵经理急得拍了桌子："那批旧货已经被别的厂子定了，我们要另外想办法。我先来说说你这个人，你什么都好，就是性子急，不听别人把话说完，上次的招标就被你的急性子弄砸了，这次你怎么还不长记性！"

听了赵经理的责骂，销售员灰溜溜地放下手机。

新来的仪表销售员什么都好，就是性子急，有时候一句话没听完就去联系客户，还曾经造成公司的损失。赵经理忍无可忍地批评销售员，让他不要每次都毛毛躁躁，话不能只听一半，做事也不能片面。机遇就像钓鱼，属于那些有耐心善于等待的人，而不是一知半解，听风就是雨的人。销售员如果能在实践中逐渐改变自己的急性子，学会全面分析，冷静思考，前途自然不可限量。

说话是一种艺术，"听话"也是一种艺术，最好的谈话对象不是那些会说话的人，而是那些善于倾听的人。试想你在发表见解的时候，坐在你对面的人凝神看着你，细心地听取你的每一句话，在适当的时候插入一句自己的见解，既让你的表现欲得到满足，又和你产生了思想上的交流，这是多么畅快的一件事。同理，如果你也能静下心来，认真地听听别人说什么，了解别人想什么，不但丰富了你的阅历，活跃了你的思维，也让别人对安静倾听的你心生好感，即使你没说什么，和你谈话的人也会认为你充满智慧。

"听话"不仅仅是一种艺术，有时也是一种自我教育。当别人对你提出批评的时候，更要虚心接受，不要一开始就反驳，也许别人对你有所误解，所以你更要了解误解的根源，将这些话完完整整地听下来，不论是针对错误改正自己，还是了解别人眼中你的个人形象，对自己都是一种裨益。

我们每天都要面对别人的话语，不论别人说什么，我们要做的都是静下心来倾听：别人说谣言，我们做那个止谣言的智者；别人说见闻或人生经历，我们听了当丰富了自己的见闻；别人指正我们的缺点，我们当做免费上了一课；别人对我们横加指责，我们可以借此检讨自己，再平和地解释事情，消除他人的误会……不论他人说什么，当他们看到一个用心倾听的你，都会打心里觉得自己被尊重，所以，倾听本身就是一件有益身心、利人利己的事。

信任他人，就是给自己一个机会

想成为他人信任的对象，首先要学会信任他人。

一所小学正在举行秋季运动会，四年级一班在长跑、垒球、铅球、跳高等项目上拿到了第一，总分暂居年级第一，但是全班同学都不敢疏忽，因为四年级三班也取得了接力赛、跳远等项目的优胜，总分只落后一分。

最后一个项目是二人三脚赛跑，比赛前十分钟，一位参赛选手吃坏了肚子，虚脱得不能站立，班长只好亲自上阵，他和一个练习很久的同学搭档，试着跑了几步，他们一个先迈左脚，一个先迈右脚，差点跌倒，最后那个同学对班长说："没有时间练习了！等一下比赛的时候，你跟着我跑，每一个动作都配合我！"班长郑重地点点头。

比赛开始了，班长认真地跟随着自己搭档的口号迈开步子，两个人越跑越快，最后得了第二名，保住了班级总分第一的位置。班长感慨地对同学们说："我什么都没做，只是跟着××同学的口号在迈步子。我相信只要按照他的口号，我们一定能取得不错的成绩。"

参加过二人三脚赛跑的人都知道，当两只脚绑在一起，想要向前跑，搭档之间一定要经过练习，还要有默契，不然迈第一步就会摔跤。故事里的班长仓促上阵，最后却和搭档取得了好成绩，不是因为班长运动细胞发达，而在于他选择相信同伴，配合同伴。二人三脚赛跑也好，足球篮球排球也好，很多运动都需要齐心协力，一位足球教练说："想要得到比赛胜利，首先要学会和队友配合。"

人生有时也像运动场，有各种各样的竞技和比赛，有时候我们需要参加单人赛跑，有时候则要与人结伴参加接力、团体赛，在这个过程中，一个人的行为不仅仅代表自己，还影响一个团体。当我们对团体有所要求之前，首先要提高对自我的要求：自己是为团队做出贡献，还是扯了同伴的后腿？

在团体活动中，人们能深刻地体会到信任他人的重要，那些喜欢一意孤行的人，往往牵制了整个团队的精力，使他们达不到预期目的。出现这种情况的原因在于这些人的个性，他们往往自视过高，以为什么事都能靠个人力量解决，拒绝接受他人的提议，也不相信他人的能力，这样的人排斥集体，也必将被集体排斥，试想当一群人同心协力做一件事，有个自以为是的人总是唱反调，就像一个乐队在演奏时总有人拉错音，这样的伙伴如何能让人忍受？所以他们注定会被剔除，只能在集体之外看别人的演出。归根结底，他们只相信自己，不相信他人，但过于相信自己的人难免刚愎自用，甚至因自己的偏见害了自己。

两个外国人结伴去探险，他们走到半途，清水喝完了。一个体力不支倒了下去，另一个看到情况危险，就抽出腰间一把手枪塞给另一个人，对他说："我现在就去找水和食物，你在这里等我，记住，每隔一小时，你就对着天空放一枪，让我知道你的位置。"

留下来的人躺在炽热的沙子上，嘴唇因缺水裂开，每隔一小时，他艰难地拿起手枪,将子弹射向天空,随着子弹的减少,他越来越怀疑:"同伴真的会来找他吗?"等到手枪里的子弹只剩最后一颗,这个人绝望了,他相信同伴一定独自逃跑,把他扔在沙漠里,他不愿再忍受炎热和饥渴,就将最后一发子弹射进了自己的太阳穴。

半个小时后,同伴带着清水还有几只骆驼赶了回来,当他看到躺在地上的尸体,惋惜不已,他不停地问:"你为什么不能再等等呢?只要多等一个小时,你就可以得救了啊!"

两个人结伴走在危险的罗布泊,一个人体力不支,另一个人决定去找清水食物,倒地的人拿着一把手枪,最初的几个小时,他按时向空中开枪,提醒同伴自己的位置,当他发现手枪里只剩最后一颗子弹,对同伴的不信任压倒了生存的信念,他举枪自尽,不知道再过半个小时,同伴就会带着救援赶到。

人是群居性动物,当人们需要合作,很多事情的结果就不只有我们能够决定,有时候我们像故事中等待的人,只能充当被动的等待者,这个时候,信任他人就成了一种能力,甚至是自信的一部分:究竟自己看人有没有眼光,自己的决定有没有错。人们在成长中学习认清什么人能够信任,什么人需要提防。信任,不只是对他人的考验,也是对自己的检测。

怀疑和信任是人际交往中必须面对的选择题,当一个人需要借助别人的力量完成某件事,选择怀疑,可能会失去别人给自己提供的机会;选择信任,也许就会多一个朋友,多一个成功的契机。要相信在这个世界上,多数人都和你一样,不愿意损人利己,希望和他人坦诚相待,共同进步。

返璞归真，生命需要保鲜

保持童真，才能有一颗不老的心。

星期日下午，苏珊邀请老同学安娜一起喝咖啡。安娜是苏珊的高中同学，现在是一家地产公司的高层管理者，是高中班级里成就最高的一个。安娜赶到的时候，苏珊正悠闲地翻着杂志。当服务员送来饮品单，安娜摇摇手说："你来点吧，我最近吃什么、喝什么都没胃口。"

"发生了什么事？"苏珊关心地问，安娜说："没什么事，就是做事提不起劲，吃东西没有味道，看到好看的东西也没有感觉。"苏珊说："不如我教你一种方法，你来试验一下。在喝咖啡之前，先喝一小杯冰水。"

安娜依言而行，先喝了一点冰水，舌头上冰冰的感觉让她吸了口气，这时，香醇的咖啡端了上来，她小啜一口，发现早已味觉麻木的舌头像是活了过来，接触到柔滑的咖啡液体，香味散入口腔，她满意地仔细感觉这香味。

"如果你觉得累，可以考虑度个假，不要去人山人海的名胜风景区，去乡村小镇看看，那里才有真正的生活感。"

事业有成的安娜面临的烦恼是空虚。吃过太多山珍海味，舌头就会麻木，尝不出食物的滋味；做出的成绩太多，自豪感也会麻木，认为成功不过如此。优秀到一定程度，总有一个徘徊不前的迷茫阶段。对于这个问题，苏珊提出自己的见解:"舌头觉得麻木,就用冰水激活一下,心灵觉得累,就休个假吧。"

遇到危险的时候,人们首先需要冷静下来,才能审时度势,充分考虑自己的困境,思索应对措施。只有那些临危不乱的人,才更容易克服困难,渡过难关。在现实生活中,"空虚"是一件更危险的事,因为危险只是一时,空虚却会持续很长时间,导致对自我的否定,一个人一旦否定了他所从事的事业,否定他得到的成绩,就会陷入迷茫,再也没有前进的动力。

在心理学上,人的情绪不是恒定的直线,而是有起有落的曲线,人的事业起落和心情的好坏并不重合,一个事业有成、家庭美满、生活幸福的人,可能正处在情绪的低谷。医生们倡导关爱健康的同时还要关爱心灵,就是基于这个道理。一小杯冰水可以让舌头上的味蕾恢复敏感,再次品尝出咖啡的香浓醇厚。同样的,如果让自己返璞归真,去远离城市的地方感受自然,将自己的一切感官恢复到零度,也就能够重新感觉什么是生命。

皇宫里,侍女们正在聊天,一个侍女美慕地说:"我们的皇后真美,她今年已经40岁,生了3个孩子,可她看上去一点也没有变老,容貌神态还和以前一样,难怪国王一直爱她。"

"我真想知道皇后永葆青春的秘诀是什么。"另一个侍女说。

"皇后用的东西都是上好的贡品,也许这就是她保有青春的秘诀。"

"不对。"一个侍女压低声音说,"你们千万不要告诉别人,皇后能保持青春并不是靠神奇的化妆品,而是她每天都会去皇宫后的峡谷里游玩。我偷偷跟去过一次,发现皇后不是在游泳,就是在看树木云彩,像小孩子一样自言自语,想笑就笑。"

"我们很愿意相信你说的话,可她是皇后,每天有那么多的事务需要她操劳,她怎么可能像个孩子?"

"你们还不明白?就是因为她在繁重的压力下,还能保持一颗简单童真的心,这就是皇后和我们不一样的地方,所以她看上去总是那么年轻,一直不会老。"

永葆青春是每个女人的梦想,故事中的皇后年过四十,依然保持美丽的容貌,宫里的侍女们想弄清她的秘密,她们发现,皇后保持青春的秘方并不是珍贵的护肤品,而是孩子一样的童真心态。保持童真,也是对生命的一种"零度保鲜",它能激活人的好奇心,使人的精神焕发活力,让人们看上去生机勃勃。

世界上有众多发明家,当人们仔细探究他们的个性,发现他们最相似的一点在于对事物永无止境的好奇,他们像孩子一样,什么都想问个究竟。不同的是,孩子们会去翻看《十万个为什么》,他们则会动手动脑,把自己的想法付诸实际,孩童般的好奇加上成人的实干,成就了他们的创造能力。所有发明都是由一颗颗不愿安守常规,想有所突破的心开始的。

在大都市中,越来越便利的现代生活,越来越程序化的工作使我们一天比一天机械,我们很难再有儿时的快乐,遇到事情为了避免多事,总是随波逐流,长此以往,心灵就会越来越麻痹,幸福感也逐渐降低。只有随时让自己清醒一点才能保持生活的新鲜感,游乐园的孩子们有无忧无虑的笑容,让成年人羡慕不已,他们没想过,如果放下成年人的架子,暂时忘记自己的身份,他们就能像孩子一样快乐。

闲散者永远等不到机会的船

无所事事并非宁静,心灵的空洞就是心灵的痛苦。

安格鲁斯是美国一位著名的成功学家,每一天他的电子邮箱里都会塞满来自世界各地的信件,向他询问如何取得成功。有些邮件经常让他觉得无法回复,秘书问:"您是著名的成功学大师,难道您也有束手无策的情况吗?"

"当然。我只是告诉人们成功的方法,不能保证每个人都能成功,特别是这样的人。"说着,他示意秘书看电脑上的一封邮件。

邮件是一个年轻人写的,年轻人说他每天都梦想着成功,他几乎听完了安格鲁斯每一节讲座,记下了厚厚的笔记,甚至把安德鲁森说过的一些话倒背如流,他问安格鲁斯:"尊敬的大师,请问我什么时候能成功?"

"这个月,他已经寄来了三封类似的信,像他这样的青年,我每个月不知要遇到多少个。"安德鲁斯表示头疼,他说:"每一次我都告诉他们,如果他们再继续无所事事,以为靠着一本成功学笔记就能成功,不如躺在床上做梦,这才是最快的方法。"

成功大师们不怕遇到心理迷茫的年轻人、遭遇瓶颈的失败者、进退两难的失意者,他们可以凭借丰富的经验为这些人排忧解难,提醒他们人生的目标和方向。成功大师只害怕遇到一种人,那种把成功挂在嘴边,梦想一夜成名,又不肯付诸行动,整天只晓得做梦的人。这些人最大的特点是无所事事,却还总想着成就一番大事,对这样的懒散者,不要说安格鲁斯无奈,神仙都拿他们没办法。

西方有一句谚语,条条大路通罗马,古代西方人认为罗马是世界的中心,不论从什么地方开始走,都能抵达罗马。在现代,这句话又用来指代成功,只要努力,做什么都有成功的可能。的确,成功的方法有千万种,幸福的机会也有千万个,但天上不会掉馅饼,再多的机会也要伸出手才能捉住。整天沉浸在白日梦中的人,不断错过机遇,他们奇怪渴望成功的自己为何一事无成,原因就在于他们用所有精力做着与成功完全无关的事。

无所事事的人最大的问题在于思想上的不思进取,他们看似有很多目标,一旦落实到行动上,他们就成了漫无目的的等待者,他们永远在重复自己的计划,而那计划永远没有实施的一天,就像一个只肯打草稿的作家,他们的大作不知要酝酿到什么时候才能问世。在空想中,这些人是成功者,一旦睁开眼睛,就会发现自己两手空空。无所事事不仅在懒惰者身上产生,一些有成就的人也在行进中途,产生类似的想法。

出版社的一间办公室,一位作者正在跟编辑抱怨自己遇到了困难,他没有灵感,缺乏睡眠,他觉得自己压力太大,可能支撑不下去。

编辑等他说完才开口说:"你知道斯蒂芬·金吗?"

"怎么会不知道,我是看着他的恐怖小说长大的!"作者说。

"斯蒂芬·金每天都在工作,即使没有灵感,也要保证写几千字。他一年只休息三天。"

看作者不说话,编辑又说:"还有巴尔扎克,《人间喜剧》的作者,他每天都要点着蜡烛工作到凌晨,第二天起来继续写,你以为大作家的成就是靠什么得来的?靠的就是勤奋。现在,你还觉得你支撑不下去吗?"一席话说得作者哑口无言。

在这个故事中,作者认为自己为了写作绞尽脑汁,付出大量时间,承受巨大的精神压力,他希望得到编辑的同情,只要编辑能够理解,他就能给自己一个放松的借口,但编辑冷静地指出,比起真正的作家,作者做得远远不够,如果想就此止步,谁都可以原地喊停,如果想要做出超凡的成绩,只能沿着目标发愤图强。

每个人身上都有惰性,那些已经有了一定成绩的人,有了偷懒的理由,有了享受的资本,更容易向往无所事事的悠闲生活。但是,想成功的人,不能给自己的怠惰找借口,如果用比上不足比下有余的标准要求自己,谁都能找到比自己活得更差的人,就此心满意足,可这样的比较又有什么意义?人往高处走,真正成功的人早已走在大前方,停下脚步的人只会越差越远,人生也就成了另一种形式的一事无成。

"劝君莫惜金缕衣,劝君惜取少年时"。一个人精力有限,打拼事业的黄金年龄也有限,在任何时候,都不能纵容自己产生无所事事的思想,如果不能在能够奋斗的年岁发挥自己所有的潜能,等到年华老去,只能惋惜错过的时间,后悔莫及。

心胸开阔，且莫因小失大

老实的人从来不会真的吃亏。

甄宇是东汉时期的一个官员，他有一个美誉，叫做"瘦羊博士"。

为什么会有这么奇怪的称号呢？据说，汉朝有一个传统，每当过年祭祖的时候，皇帝都会奖赏当朝博士每人一只羊。这一年，皇帝发现用来奖赏的羊有的胖、有的瘦、有的老、有的年轻，怎么分也分不均匀。有个博士献议："不如把这些羊杀掉，按重量把肉分给大臣，这是最平均的方法。"立即有人反对说："比起只能吃几顿的羊肉，大臣们更想要一只可以剪羊毛、挤羊奶的活羊。"又有人说："不如抓阄决定牵哪只羊。"

正在争论不休，甄宇走出来说："这有何难？一人牵一只回家就行了。"说着，牵起一只最瘦最小的羊。博士们看到甄宇的做法，也主动去牵那些瘦小的羊，羊很快被分完，谁也没有怨言，皇帝大为高兴，授予甄宇"瘦羊博士"这个称号，还额外给了他很多奖赏。

祭祖的时候，皇帝遇到难题，想要赏赐给博士们的羊大的大小的小，怎么分都不均匀。皇帝烦恼，博士们也着急，好不容易能领到赏赐，谁不想牵一只肥羊回家？于是，博士们开始乱出主意。羊大羊小不过差个几斤，甄宇不想为几斤几两的事伤和气，主动牵了最小的一只。博士们顿生羞愧之心，开始效法。皇帝大喜,赞甄宇为"瘦羊博士"。

克己让人是中国自古流传的美德,甄宇的行为足以让人心生敬意。在生活中,害怕吃亏是一种普遍心理,多数人都是平凡人,谋生本来就不容易,如果再遇到他人的坑害,不论损失财产还是损失好心情,都是件郁闷的事。同样的,贪小便宜也是人们常有的心态,在不花费气力的条件下得到好处,即使是微小的好处,也能让人觉得"赚到了"。

"吃亏"和"占便宜"这两种心理不尽相同,喜欢占便宜的人都害怕吃亏,害怕吃亏的人未必喜欢占便宜,但究其深层原因,这两种心理都基于人的自我保护意识。一旦无限制发展,害怕吃亏就会变成狭隘、吝啬,而占便宜会发展为斤斤计较,甚至损人利己。其实,为了蝇头小利而得到"爱占小便宜"的评价,是一种更大的失去,可谓"因小失大"。

"不想吃亏"是人之常情,"主动吃亏"的人会被别人当成傻子,但肯吃亏的人并不傻,他们具有宽容的品德。仔细算算,人们又能吃多少亏?在经济上,不过几块几十块,在心理上,不过是一时气恼,这些又算得了什么?不要因为小事影响生活,吃得小亏的人才不会为小事计较,才能活得豁达。

人与人的交往也是如此,"退一步海阔天空",退让看似吃亏,却在表达自己诚意的同时,也为自己赢得了回旋的空间,很多摩擦在彼此的退让中化解,很多合作在容忍的基础上建立,与其咄咄逼人不肯放松自己的一丁点利益,不如与人方便、与己方便,以小的付出换来双赢的结果。

需要注意的是,吃亏也有一定的限度,不能一味当忍让的老好人,损害自己的利益,在宽容别人的同时,不要忘记保护自己。

没有自我的人最可悲

心灵没有自由，就像鸟儿没有翅膀。

一个富商带着一个奴隶去国外进货，不幸的是，他们在沙漠中迷路了，更不幸的是，他们遇到了一伙盗贼，想要抢夺商人从国外买来的丝绸和香料。

危急关头，奴隶用身子护住富商，与盗贼们拼命，直到附近的商队听到声音，赶来救援。盗贼逃跑后，富商握着奴隶的手激动地说："你太让我感动了，从今天开始，你不再是我的奴隶，你自由了。"

奴隶惊慌地说："主人，我做错了什么？你不要我了？"

"我要给你自由，从今以后你就可以做你想做的事，不用再跟着我了，我还会给你一笔钱，这样你就可以生活得很幸福。"富商说。

"那怎么行！"奴隶一口否决说，"我想做的就是当您的奴隶，不然我还能做什么？主人，请不要抛弃我！"

富商无奈地摇摇头，答应了奴隶的请求，回到家，他对自己的妻子说："世界上最可悲的，莫过于没有自我的人。"

忠诚的奴隶不惜性命保护了自己的主人，得救后的富商由衷感激奴隶，他想要用一些实际的东西表达自己的感谢，钱，是少不了的，此外还有作为一个人最应具备的东西——自由。一个奴隶能够得到自由，意味着他再也不必事事遵从主人，从此可以按照自己向往的方式生活。富商以为这是一件最好的礼物，救命恩人一定会满心欢喜,没想到,听到这个消息的奴隶惊慌失措,一再恳求富商不要抛弃自己。长久的奴隶生活,使奴性在他心中扎根,在这个奴隶看来,生命的意义就是服从主人。难怪富商说:"世界上最可悲的事就是没有自我。"

每个人在生活中都有自己的角色,在家庭中,可能是丈夫、妻子、儿女,在社会中,可能是医生、教师、工人,在朋友中,可能是知心姐姐、开心果、麻烦虫……一个人可以有多种角色,但每个人的主角只能是自己。每个生命个体都应该有自己的价值,而不是他人的附庸,如果在思想上依附他人,在经济上依赖他人,就会失去自己的地位,一生只是陪衬。

在古代中国,女人没有地位,史书上记载的女人大多没有名字,只有"××氏"、"×夫人"称呼,她们并非没有高尚的人格、丰富的学识、卓越的贡献,只因时代决定了她们只能是男人的附加品。在现代,不论男人还是女人,没有强烈的自主意识和成功意识,生活在别人的光环下,将是一个人最大的悲哀。所以,每个人都有义务确立自己的价值,通过努力达到成功。

一群猴子在森林里觅食,每天太阳升起,他们就会走出洞穴,太阳落下,他们就会回到洞穴。有只叫卡西里的猴子头脑聪明,它看到来森林里游玩的游客靠手表确定时间,就留了心。一个游客不小心将自己的手表掉在森林里,卡西里把手表捡了起来戴在手腕上,从此,它每天都能准时起床准时回家。

有了手表的卡西里再也不用像以前一样靠太阳来分辨时间,它觉得自己的生活方便多了,于是,它陆续地捡了第二块手表,第三块手表,第四块手表。

没想到,困难出现了,四块手表显示的时间完全不同,它不知道哪块手表的时间是对的,当猴群去寻找食物时,它在睡觉,猴群已经睡觉,它还在觅食,卡西里的生活变得一团糟,最后,它只好扔掉所有的手表,重新靠观察太阳来确定自己的时间,它发现,动物天生的时间感觉,远远好过人类的手表。

猴子捡起过多的手表,迷失了时间,将自己的生活搞得一团乱。最后,它扔掉所有的手表，按照生物天生的时间感作息，才恢复到从前的正常生活。猴子卡西里的问题出在心理上，它明明有天生的时间感，却要去依赖人类的手表，一旦它把自己的作息建立在手表上，手表时间乱了，它的生活自然也跟着出现混乱，所以，信人不如信自己，依赖他人不如锻炼自己。

中文教师在课堂上提出问题，一个学生引经据典地回答："关于这个问题，萨特曾说……福柯曾说……康德也曾有过论断……"教师打断他说："我不想听别人说过什么，只想知道你自己对这个问题有什么看法！"过分信奉他人的看法，是另一种形式的"失去自我"。真正有成就的人踩着巨人的肩膀，而那些没有自我的人，只能永远站在巨人脚下。

没有自我想法又意志不坚定的人，最容易被他人影响，他们总会让其他人左右自己的生活，小到穿衣购物，大到报考择业，没有自我的根源在于没有自信，因为不相信自己，只能服从别人，但别人的办法并不一定永远适合自己，于是造成了许多遗憾。人生是自己的，后果只能由自己承担。

世界上有几十亿人口，却只有一个你，如果不能坚持自己的想法，因他人的眼光改变自己的生活，那么你和别人没有任何区别，生命的多姿多彩在于它们独特的形态，而生活的多姿多彩就在于，你能否绽放自我，以最真实的姿态享受生活。

简单可以孕育伟大的成就

活得简单才能获得心灵的自由。

数学课上,小学老师出了一道问题:"把1到100之间的所有数字累加得到多少?"

下面的同学拿出草稿纸开始演算,一共有100个数字,他们不断地把数字累加,这时,一个小男孩举起手说:"老师,答案是5050!"

"这位同学,你是用什么方法这么快算出来的?"

"这个很简单!100加1得101,99加2得101,50加51也得101,这样一来,100个数字就能改成50个101,50乘101就得出5050!"

这个聪明的小男孩就是世界著名的数学家高斯。

俗话说"三岁看老",孩子从很小的时候就能显示出天分,就像故事中的高斯,从小就是个数学高手。他做的题并不难,解题步骤也不复杂,他能够成为数学家,因为他从小就靠近了数学界的真理:简单。两点之间直线最短,一加一等于二,勾三股四弦五,这些经过千万次推算才能得出的结论,却是最简单,最直白的。

一位大学物理教授正在给学生讲课,他拿出一个鸡蛋问:"谁能将这个鸡蛋直立在桌子上?"学生们连忙拿出草纸,开始演算鸡蛋的受力,鸡蛋需要什么样的支点,看到学生们忙成一团,教授将鸡蛋壳在桌子上磕了一下,鸡蛋直直地立在桌上。教授无奈地说:"你们都是高才生,但我想提醒你们的是,最简单的方法也许是最好的方法,不要因为你们读了很多书,就忘记'简单'的存在。"

随着年纪的增长,人们思考问题越来越复杂,需要思考的东西越来越多,太过繁琐的思维忽略了"简便",他们也不再相信有"简单"这回事,著名作家余秋雨在他的散文集中说,聪明的人喜欢做减法,愚笨的人总在做加法,聪明的人因为省了时间和工序,可以做更多的事,他们往往能够成功,而愚笨的人总是陷在自己的加法中,诸事缠身,不能自拔。

守墓的老人正在给自己的孙子讲故事。

"孩子,你不要小看这一座座小小的坟墓,你看那座最简单的墓碑,下面埋着一个出色的作家。每年都有人来这里为他献花。"

"这么有名的作家,他的坟墓为什么比其他人简陋?"孩子问。

"这个作家就是这样的人,他生前赚了很多钱,可以买好的房子、好的墓地,但他选择到处旅游,他的行李只有一个背包,几件衣服和写作用的纸笔。他死在一个小旅馆的房间里。这就是这位作家简单而充实的一生。"

小孩子不会明白,为什么一个知名作家的坟墓会比所有人都简陋,同样不明白的还有,为什么最简陋的坟墓,却比那些豪华气派的坟墓更吸引人,每年都会有人来献花。守墓的老人对自己的孙子娓娓道来,作家的坟墓正如作家本人,靠最简单、最朴素的东西吸引别人,他的一生虽然简单,却丰富充实,使很多人羡慕尊敬。

老子说:"少则得,多则惑。"简单的心境孕育伟大的心灵,因为简单能够使一个人永远保持最初的理想和干劲,他们的需求不高,一门心思追求自己的想要的东西,外界诱惑对于他们而言,就像路途上的花花草草,可以看上一眼,但不会流连,更不会因此迷失自己,人们总是猜测有成就的人成功的原因,原因很简单,当别人都在猜测、都在琢磨如何成功时,他们在赶路,在努力,因为执著,他们最大限度减少了生命的损耗。

英国著名哲学家罗素是个长寿的人,他曾经总结自己的长寿秘诀:想吃就吃,想睡就睡,不为繁琐的事务忧心。换言之,过最简单的生活,保持最单纯的心态。人的寿命如此,人的幸福也是一样。金庸的武侠小说中,最令人羡慕的就是那个能够抛却一切烦恼,专心习武的老顽童。拥有"顽童心态"的人,对什么事都能保持热情,保持对世界最初的感动和好奇,所以他们容易满足,容易快乐,当人们在为琐事忙碌烦恼时,他们却会因为看到墙角的一朵花,发出会心的微笑。这就是简单的力量,简单的美好。

第八辑

把工作变为快乐天堂

　　繁忙的都市，劳累的工作，为事业打拼的人习惯将工作看做一种考验、一种负担，甚至是一种磨难，认为它与幸福无关。但是，事业是幸福的基础，也是实现自身价值的途径，直接决定了一个人的生活状态。那些心怀热情，认真对待工作的人，总是把工作看做是一种幸福，并从中得到满足。

你把工作当负担,工作就是你的负担

生活最沉重的负担不是工作,而是认为工作毫无意义。

在一次大型招聘会上,一家公司的招聘经理问一个年轻人:"你为什么离开上一家单位,选择到本公司来应聘?"

年轻人回答:"我以前的工作单位比较小,虽然我很努力,但是部门经理不太信任我。我觉得,贵公司能够给我施展才能的机会。"

招聘经理笑了笑,说:"我们会综合考虑你的情况的。请先回去等通知。"

年轻离开了,招聘经理在他的简历上画了一个小小的叉。他对旁边新来的人事助理说道:"每次在面试的时候,我都会询问应聘者为何离开上一家单位?之所以问这样一个问题,是想从正面了解他对以前所在的公司的评价。如果他说以前的那家公司有多么的不好,或是那份工作如何不好,那么无论他的个人能力多么强,我都不会录用他。因为我相信,那些整天抱怨工作的人,终将一事无成。"

找工作的人,最怕简历被画上红叉,很多人不明白:为什么自己明明有能力、有学历、有经验,却还是被想进的公司淘汰?排除掉运气因素,最应该检讨的,恐怕是他们对工作的心态。负责招聘的人事经理们相信:一个不热爱工作的人,做不好他的本职工作。

我们经常听到别人说不喜欢自己的工作:工作枯燥、工作环境不好、工资少、上司不好相处……很少有人满意自己的工作,他们举出各式各样的例子来证明自己的工作有多么糟糕。让我们把视野范围扩大,看看都是谁在厌烦工作,我们不难发现,不喜欢工作的人,往往就是那些做不好工作的人。如果工作能说话,相信它也会跳起来说:"我的负责人能力平平,眼高手低!他每天都唠唠叨叨,不细心也不努力,明明成绩不够,却怪我不好!"

有这样一句名言,说的是当一个人不能改变环境的时候,只能去适应环境。工作也是如此,与其认为工作面目可憎,不如去深入接触,发现它有趣可爱的一面。至少,要摆正自己的心态,明白工作就是工作,工作需要的是负责任地完成,而不是不间断的埋怨。

一个小男孩跟着师傅学习雕刻,他认为整天雕刻石头是件枯燥无味的事,想要放弃,师傅对他说:"想放弃,是因为你不知道雕塑的乐趣。"

"雕塑的乐趣?"小男孩睁大眼睛,看着师傅拿起一块石头,一刀一刀地琢磨,师傅说:"雕塑的乐趣,不是一刀一刀刻掉石头,而是找出石头中藏着的东西。"说着,他手中的雕像渐渐成型:头发、脸庞、眉毛、眼睛……最后,一个栩栩如生的戴着棒球帽的小男孩头像出现了。小男孩大吃一惊:"这不就是我吗?"

师傅点点头,指着满屋子的石头说:"雕塑的乐趣就藏在这些石头中,你认为它们枯燥,它们就只是一些石头,你认为它们有趣,它们自然会给你无穷的乐趣。"

小男孩听完,再次拿起了雕塑刀。后来,他成了一个有名的石雕艺术家。

拿着雕刻刀,一天天坐在小房间里削一块石头,固然是件枯燥乏味的事,难怪小男孩坐不住。而雕刻师傅却能全神贯注地拿着刀子,直到把手中的石头变成艺术品,在这个过程中,他不会抱怨,不会不耐烦,他满脑子想到的,都是给一块石头赋予形状时得到的快乐。把雕塑当成负担,雕塑就是单纯地用刀子刻石头,只有了解雕塑的乐趣,全身心投入其中,雕塑才是一种艺术创作,会回报雕塑人美丽的享受和心灵上的满足。

长年累月地做一件事,难免会厌倦:售票员日复一日地报着十几个烂熟的站名;程序员月复一月地编着基础程式;教师年复一年地对学生讲授相同的内容……当工作变成一种惯性,一种机械运动,烦躁的情绪就会滋生,甚至开始质疑工作的价值:为什么要一直做同样的事?为什么不能去做点有趣的事?这样想着,售票员懒洋洋地撕票,程序员昏沉沉地敲字母,老师照本宣科地读讲义……工作越来越没劲。

　　而在那些把工作当乐趣的人眼中,事情又是另一个局面,售票员每天都在琢磨怎样让乘客更舒服,今天给公车添加一些椅垫,明天给公车备好一个药箱,后天又开始自学英语,用中英双语报站;程序员总想开发出一套更加便捷的口令,每一天都在完善、推广自己的程序,越来越多的人愿意使用它;老师会在每一年将最新的学科发现添加到讲义中,开阔学生的视野,讲的课也越来越受欢迎:把工作当负担的人,工作也会把他当做负担;愿意对工作付出的人,工作会给他丰厚的回报。

诚信是做人做事的根本

凡在小事上对弄虚作假持轻率态度的人,在大事上也是不足信的。

白婷是个日本留学生,她曾讲过一段在日本的打工经历:日本物价高,生活成本高,很多留学生都会选择打工。白婷在一家餐馆做清洁工。日本餐馆对卫生的要求非常严格,白婷每天都要把整个餐馆打扫一遍,再用软布擦一遍。此外还有洗碗工作,洗碗机只能对脏了的餐具做最基本的清洗,老板要求白婷必须再把餐具洗上3遍,然后再烘干。

起初,白婷认真地做着每一件事,但她的工作量太大了,就拿洗碗来说,每天她都要洗成百上千个盘子,渐渐地,白婷发现一个偷懒的方法,她把洗餐具的次数减少一次,餐具经过两次冲洗,放入烘干机,谁也看不出问题。

半个月后,老板发现了这件事,白婷遭到解雇,老板说:"我不能雇佣一个不诚实的人,你对一件事偷工减料,对其他工作也不会尽职尽责。"

在这个故事中,日本老板解雇白婷的理由很充分:人品是做事的根本,一个人品不好的人不值得信任。也许白婷可以说出很多理由,如任务太重,时间太紧,但她改变不了自己没有达到老板要求这个事实,在工作中,她没有恪守一个员工应尽的职责,做出了不诚实的偷懒行为。当她为有办法减少工作量而沾沾自喜时,老板对她的人格也做出了最坏的判定。白婷没有意识到她的行为不妥当,事实上,她既辜负了老板的信任,也没有想过这种行为会给餐馆带来的危害。只想自己舒适,不为他人考虑的人,最终只能被淘汰。

人们都知道,想要工作轻松有两种方法:一种是提高效率,一种是偷工减料。想要提高效率,不知要费多少脑细胞;而想要偷懒,只需要瞒过上司耳目,耍点小聪明即可。就像白婷那样,每天少洗一遍碗,老板和客人不会察觉,自己也省下不少力气,在职场上,这种"贪小便宜"心理几乎无处不在,人们总想要最少的时间、最小的力气得到最大的收益。

但是,一个人出现信用问题,损失是致命的,在一件小事上欺骗老板,老板就会怀疑在其他事情上是否也存在欺骗,进而对这个人产生整体的不信任。而一个人的"不诚实"的名声一旦传播,接近他的人都会对他严加提防,不敢也不能信任他,这个人就会像贴了劣质标签的货物,处处不受欢迎,只能降价处理。

郑强在一家电子公司当产品推销员,在业界口碑一直很好,这有赖于他的诚实守信。

有一次,郑强的公司推出了新产品,郑强很快与几十位顾客签订了合同,这时候,他发现自己公司所卖的新产品比市面上同类型产品少了一个功能,定价却是一样的。他认为如果不事先告知顾客,顾客就会对公司的信用产生怀疑。于是,他花了几天时间和客户们联系,详细说明了情况,请顾客们重新做出评估。

公司老板知道后大伤脑筋,认为郑强的行为等于代表公司解除了合同,没想到,几十位顾客全都表示,他们欣赏郑强的做法,不但没有解除这一次的合同,还成了公司的忠诚客户。

郑强之所以请顾客们重新对商品做出评估,是因为他知道生意场是一个以小见大的地方,对一家公司来说,一个产品受到质疑,它所生产的其他产品也会被质疑,郑强看到的不是手头的几十份合同,而是产品被质疑后将要失去的成百上千份合同。他及时做出的诚信行为,实际上挽救了公司的形象,也给顾客们吃了定心丸，他们认为郑强是一个负责任的销售员，公司是一家有保障的公司。

我们不难发现，市场上每一个大品牌都重视自己的形象，特别在诚信方面，他们不能容许出现一丁点的问题，他们怕的不是失去某些经济利益，而是失去顾客的信任，一旦顾客不信任，这个品牌就失去了生存的土壤——没有人愿意拿自己的金钱或健康去尝试自己不信任的东西。

工作也是如此，没有上司愿意把重要的任务交给一个根本信不着的人，说到底，诚信之所以让人安心，人品好的人之所以让人放心，是因为诚信本质上是一种对他人负责的意识，有这种意识的人，任何时候都会约束自己，不做出背信弃义的行为。

你对别人负责，别人才愿意对你负责，或者说，对别人负责就是对自己负责。人品虽然不能兑换价值，却是最无价的东西。在职场中，一个不会弄虚作假的人，总会得到比别人更多的尊重。

好员工都喜欢"多管闲事"

不管你在哪里工作，都别把自己当成员工——应该把公司看作像自己开的一样。

大学毕业后，李思聪做了一个令所有老师和同学大跌眼镜的决定，法律系毕业的他没有进入律师事务所，而是去当地一家麦当劳快餐店当起了服务员。

更让人惊讶的是，两年以后，李思聪当了一家广告公司的经理，和他同期毕业的法律系同学，还在事务所辛苦地当助理。有人向李思聪请教成功的秘诀，李思聪说："我进麦当劳，是因为麦当劳是一个找工作的平台——在我当服务员的时候，我干活特别卖力，即使主管不在，我也不会有丝毫马虎。结果，不到半年，就有三四个曾来麦当劳吃饭的老板请我去他们的公司做事。"

"我经过考虑，选择了一家广告公司，从最基础的东西学起，学各种各样的东西，不管加班多累，也不抱怨，就这样被老板一路提拔，从基层做到了管理层，今年年底我会辞职，开一家自己的公司。"

把麦当劳当做找工作的平台，这是一个大胆又独特的决定，不过，李思聪能够赢得更好的机会，不是因为他的大胆，而在于他的用心。在领导眼里，好的员工不但要会干活，更重要的是爱干活，不管老板在不在，他们对工作一样认真负责。人们常常抱怨自己是千里马，可惜遇不到伯乐，老板们却总在哀叹，为什么找不到"多管闲事"的员工。

老板喜欢员工"多管闲事",一位员工按时上班、准时下班、从不做工作范围以外的事,固然不会出现重大失误,但老板们更需要这样一位员工:他会在完成工作同时,没事琢磨几个新点子,提几个有用的建议,帮助一下忙碌的领导或下属……事事主动的员工,老板才能放心地委以重任。

徐峰学有机化学,在一家研究所担任研究员,这家研究所是国家所属机构,里面的研究员不是硕士就是博士,开始工作的时候,徐峰压力很大。

很快,徐峰发现国有机构难免人浮于事,有些研究员拿着高薪水,却并不管事,还有些人每天只是打卡上班,到点下班,工作时马马虎虎地混时间。徐峰个性认真,没有沾染这种习气,而是整天苦干,别人不爱做的事,他主动做,所里有些研究员动不动就请假,徐峰总是二话不说就揽下对方的任务。

时间一长,徐峰的研究水平突飞猛进,他对工作的热情更是受到了主任、甚至所长的关注。很快,徐峰成为所里的研究主力,没几年,就坐上了主任的位置。所长对他的评价是:"一看就是个领导者的苗子。"

老板喜欢"多管闲事"的员工,上司欢迎勤劳肯干的下属,在他们看来,真正敬业的人总会主动寻找工作,自愿增加工作,在他们身上有一种可贵的责任感。

职场责任感有三个层次,第一层是对自己负责,只要干好自己的工作,别的事一概不过问;第二层是对工作负责,本职工作成绩优良,有团队协作精神,经常帮助他人;第三层是对公司负责,工作完成得好,有合作意识,此外还有大局意识,为了公司的发展,愿意做出多方面的尝试和努力。第三种责任感无疑是最难得的,每个上司都希望遇到这样的下属,并愿意培养他成为自己的接班人。

"多管闲事"是职场的双赢策略,可以成为一个员工晋升的台阶。因为"管事"正是领导者的基本素质。有一些事,不能等到老板或上司吩咐,自己要先"管"起来。以上司的眼光做事,事情自然会变多、变麻烦,但是同时,也能让人思考更多问题,尽力解决更多困难,从中锻炼能力,得到经验,成为全能型人才。

在职场,员工的升迁有一个明显的信号——老板想要提拔你,总会突然给你增加大量的工作——这是我们都知道的,为什么一定要等老板亲自提拔呢?不妨主动出击,自己提高要求,自己增加工作,要知道,老板的眼睛是雪亮的,他们不会错过任何一个"多管闲事"的员工。

有价值的是服务,而不是时间

每天多做一点,能够保证你在工作中脱颖而出。

钟小姐是N市千千万万个小白领中的一个,她每天准时起床,吃早饭,搭乘地铁,在上午8点45分准时到达公司,打开电脑开始工作,她的电脑桌面上永远有这样几种东西:今日需要处理的工作文件夹,每个月要整理的报表文件夹,几个隐藏的网页游戏。

9点钟,钟小姐开始工作,她漫不经心地看着工作文档,不时打打游戏,和朋友聊聊天,一天的时间很快就过去了。下班时间,钟小姐的工作也都做完了,她关上电脑去乘地铁,想到和自己一同进入公司的李小姐已经成了部门经理,她不明白,同样的工作时间,为什么自己不能被上司提拔。

钟小姐的一天,就是千千万万个都市白领的一天,他们每天做着自己的本职工作,按时按量完成任务,按照公司规定的时间,不会迟到也不会早退,他们永远不会犯大的错误,永远不会给公司造成重大的损失,他们总是奇怪自己明明把工作做得很好,为什么还是得不到升职的机会,在心里不断埋怨自己的老板。

其实,他们冤枉了老板,像他们这样的员工,是让老板们最头疼的对象。简单地说,这些看似规矩的员工最擅长磨洋工,他们看似规规矩矩地坐在办公室,做满8小时,实际上,他们付出的服务还不到4小时,他们总让老板觉得自己付了8个小时薪水,却只得到4小时的劳动力。更让老板头疼的是,这种办公室怠惰有传染性,一个人磨洋工,就会带动整个工作室的人磨洋工:既然可以少干,谁都想少干一些。

对付他们,老板也想到了办法,那就是不停地塞工作给他们,把他们的时间塞得满满的。可是,老板们很快发现,这样也不行,他们要么把紧急工作办完,其他的拖到后一天,要么会稍稍减少娱乐时间,但仍旧不肯专心。他们说:"反正工作怎么做也做不完,不必急于一时。"

对于磨洋工的员工,老板很少开除,因为他们能够按时完成任务,也能保证任务的质量,一个公司中,最多的就是这种员工。但是,老板也不会提拔他们,因为他们缺少效率,缺少工作的主动性,也许会耽误重要的任务。

约翰·布朗是英国一家家政公司的水管工,在外人看来,他的生活丰富多彩,他是个好爸爸,每天都会接送一双儿女上学放学。他喜欢唱歌,参加了附近教堂的唱诗班。他喜欢植物,院子里种了很多花草,每天都会用一些时间给它们浇水施肥。他最近开始学习手风琴,人们经常看到他在自己的院子里惬意地拉着琴。

"他过得这么悠闲,一定是一个不负责任的员工。"邻居这样断言。可是,家政公司的老板却有不同的说法,他认为约翰是公司最好的职员,他会接下任何一个任务,不管是在圣诞节晚上还是人们都在睡觉的大半夜;他的业务水平娴熟,工作总是完成得又快又好。而且,约翰总会主动分担公司的困难任务,让老板觉得省心又放心。为了留住这个王牌员工,最近老板又增加了约翰的薪水。

一个整天看似优哉游哉的人，却是老板眼中最优秀的员工，由此可见，老板最看重的不是工作时间，而是工作的价值，比起那些每天都在磨洋工的职员，老板更喜欢那些有能力，有效率，在同样的时间作出更多贡献的人。约翰的成功，在于他的尽职尽责，也在于他的智慧，他明白工作时间就是要工作，不管什么时间，有人需要服务，他就会放下私事，立刻赶去给他人修理水管。此外他还愿意主动去做困难的任务，这更让老板对他赞不绝口。而且，靠着娴熟的技术，约翰的休息时间并没有减少，甚至看上去比其他人更加清闲。

　　在工作时间一心一意地工作，这道理看似简单，在行动上却需要很大的耐心和毅力，同样的工作时间，别人磨洋工，你在工作，你的贡献自然比别人更大，并且做出更多的成绩。如果一个人能充分利用他的工作时间，不但做老板交代的事，还能做出老板还没吩咐的事，这样的员工，哪个老板能不器重呢？

　　一个员工想要脱颖而出只有一个秘诀：在同样的时间里，更好地做出更多的事。

工作时间，私事靠边

办公室不能办私事。

　　王华是计算机系的学生，毕业后，他就职于 N 市一家有名的软件公司，从事软件开发工作。他头脑灵活，工作努力，不到半年就得到了部门经理和老板的器重。

　　一个星期天，王华的高中好友恰好来到 N 市，王华正在加班，就将好友叫到了自己的办公室等他一起吃饭,王华的朋友就在办公室坐了半小时。

没想到周一一早,经理就将王华叫到办公室,宣布他被公司解雇,原因是他把朋友带进了研发部的办公室,这是非常不负责任的行为。

对这个结果,王华有些不服,经理说:"你不能保证你带进来的不是一个商业间谍,我们没有追究其他责任,是念在你平常表现良好,品行端正。在下一个公司要记住,一个研发人员永远不要把私事带进公司!"

把朋友带到工作场合,看起来似乎不是一件大不了的事,但在一些涉及商业机密的部门,这就是一种没有职业操守的行为,就像经理所说,谁也不能保证自己带进来的人不是商业间谍,个人的一个看似无关紧要的行为,却可能给公司造成重大损失,这个损失,不是个人能够承担的。

不要把外人带到自己的工作场合,不但保密部门如此要求,多数公司也会这样要求员工。试想在工作中,突然多了一个不认识的人坐在办公室,很多人都会猜测这个人的来历,因此分散注意力。而且,工作场所是严肃场合,如果员工随意让自己认识的人进进出出,难免会破坏办公室的工作氛围,试想当你正在凝神做一张图纸,突然有陌生人在你身后走来走去,你还有心情继续绘图吗?

办公室也是个以小见大的地方,每个人的一举一动都会被同事、被上级放大,不够谨慎的人会给人留下不能信任的印象。将朋友带入办公室,别人会认为这个人对工作不够重视,不但在办公时间处理私事,还影响其他人的工作心情,偶尔一次,旁人还能勉强容忍,次数多了,不但同事觉得烦,上级也会忍无可忍地找他谈话,甚至辞退了事。

董秋是一家外企的领导之一,她能力强,对人热情,同事都叫她"董姐"。董姐有个习惯,休息时间喜欢跟同一办公室的人唠叨几句自己家里的事,同事们也习惯礼貌地听她说。

最近董姐心情烦躁,儿子在学校惹了一些事,老师给家里打了几次电话;丈夫的工厂不太顺心,每天忙得焦头烂额。董姐两边应付,有些手忙脚乱。但她还是为竞争一个重要项目的负责人做好了充足准备,在她看来,她是公司最了解这个项目的运营,也最有能力担当这个项目负责人的人。

出乎董姐意料的是,公司领导将项目交给了其他人,他们对董姐说:"听说你最近家里发生了很多事,估计没有精力盯这个项目。"董姐万万没想到,她在休息时随口对同事说的几句话,竟然成了她失去位置的原因。

董姐虽然叫做"懂"姐,有些事却没弄懂:在工作场合,不宜过多透露自己的私事,当她的生活不被外人知道,上司、同事看到的是她的能力、她的才干、她的经验,他们会以这些为标准,衡量她是否适合担当某个职务。一旦上司、同事们掌握了她更多的信息,衡量标准就会随之增多,上司会认为连私事都忙不完的人,不能全心全意地投入工作。

人们每天在办公室的时间很长,上下午共 8 小时,再加上午休,也许还有加班延长的时间,可以说,除去睡眠,一个人一天的大部分时间都是在工作场所度过的。有些人会把自己的私事带进工作,有时,他们在工作时间处理私人事务;有时,他们会和同事谈论自己的生活;有时,他们甚至会因为对某些同事的私人感情,影响到任务的进程。在工作时处理私人事务、或谈论自己的私事,大大降低了自己的工作效率;把自己的私事带入工作,脑子里一边想私事一边想工作,工作会更加繁杂;而在工作中过多地加入私人喜好,则会严重影响自己的判断力,所以,有经验的人一再强调:工作是工作,私事是私事。

工作的时候,所有的私事都要靠边,如果你不能以百分之百的专注进行自己的工作,你的上司和同事都会认为你的态度有问题;如果你总是在工作场合谈论私事,不但会过多泄露自己的信息,也会给领导留下"碎嘴婆"的印象。办公时间不谈私事的人,是真正敬业的人,他们最容易得到更多更好的机会。

机遇一定会光顾有准备的人

机遇总是垂青那些有准备的人。

两个女孩同时去一家出版公司做编辑，她们对工作都很负责，她们制作的图书也都有一定的市场，各自培养的作者群也有长足的进步。一个女孩对这份工作非常满意，她对公司忠心耿耿，每天都能出色地完成上级交代的各种工作。另一个女孩和第一个女孩一样努力，此外，她每晚都去一个外语班进修，将大学没学好的英语重新捡了起来。

第二年，公司拓展了业务种类，想要引进了一批外版图书，第二个女孩凭借优秀的外语能力，接下了一整套图书的沟通、出版事宜，这套图书出版后，她顺利升职，如今已经是公司的一位主编。而另一位女孩，迄今还只是个按部就班的小编辑。

当我们甫一接触工作，就接触到了一种"社会金字塔"结构，行行业业都有这样一座金字塔：领导比下属少，老板比员工少，升职的人总比不升职的人少，站得高的永远只是少数人，多数人都在默默无闻中奉献自己的劳动力。有时候，他们也会问自己，究竟差在什么地方呢？同样的学历，相似的能力，为什么好的机会总不能降临到自己头上？

机会有时就像天上的馅饼，人们首先要伸出手，才能在它掉下来的时候接住。就像故事中的两个女孩,一个只满足于安稳的现状,认为自己只要做好分内的工作,职位就会越来越高;另一个更有头脑,懂得不断充电,为未来积蓄资本,她也许不能看穿公司今后的业务走向,却明白自己一定要做好充足准备,一旦公司有了什么变化,她有能力第一个适应变化,担起局面。这就是一个能够抓紧机遇的人所具有的思维。我们不妨称之为"机遇意识"。

一个拥有机遇意识的人,就像随身携带了一副望远镜,他能看到的不再只有现实的状况和当下正在做的工作,还能看到未来的走向和事业的蓝图,因为看得到更远的东西,他往往比金字塔底部的其他人更有耐心,更加努力。就像正在积蓄力量的弹簧,按压自己,期待有一天跳到更高的地方。

有一位留学国外的计算机博士,毕业回国后,却一直没能找到合适的工作,应聘公司都认为这样的人学历高,需要花大价钱聘请,但实际上没什么经验,还不如用较低的价格聘用本科毕业生。

博士生大受打击,却也得到了启发,他明白,机遇要靠自己找,机会要靠自己寻。他干脆隐瞒了自己的学历,以本科生的身份去一家电脑公司当程序员。

不再把自己当做博士,以一个普通毕业生的身份工作,博士注意到了很多高级程序员不曾留意的小问题,他认为这些都有助于自己业务的提高。他更加敬业地从事简单的工作,很快得到了老板的注意,有一次,他指出了一个程序中的错误,老板大为惊讶,因为那是高级程序员都没有看出的漏洞,很快,博士升职。

又过了几个月,老板越来越喜欢找博士谈话,他发现博士的专业水平无人能比,这时,博士终于坦诚地说出了自己的学历,这一次,老板毫不犹豫地重用了他。

时刻准备迎接机遇的人,不在乎现状如何,他们甚至会以退为进,主动降低自己的身价和期望值,他们相信,机会不会错过那些有实力、又善于把握自己的人。故事中的博士是个聪明的人,他捕捉机会的方法不是拿着自己的文凭当敲门砖,一家一家寻找公司,而是适时调整了策略,以低姿态进入老板的视线,逐渐吸引老板的注意,这样一来,老板不但能全面了解他的能力,也已经充分信任了他的人品。

天上掉下来的机会并不多,更多的机会要靠自己寻找,这是机遇意识的另一个组成部分。站在金字塔上层的人,都是善于寻找机会的人,他们在不断充实自己的同时,会注意工作中的每一点变化,公司的动向,还有整个行业的风向,他们能够避开即将到来的风险,也能成为下一波浪潮的弄潮儿,他们看似神奇,其实也只有一个秘诀:比起他人,他们做了更多更全面的准备,更深更艰难的努力。所以,机遇不会错过他们,他们也不会错过机遇。

主动的人才能抢占先机

事情很少有根本做不成的;之所以做不成,与其说是条件不够,不如说是由于决心不够,不敢主动尝试。

公司正在召开部门会议,部门经理坐在会议室正中,逐一询问员工的意见。在座的员工都知道,部门经理脾气很差,经常骂人,他们正襟危坐,开始讨论。

职员 A 沉默不语,不论经理怎么问,他都说还没想好;职员 B 也很沉默,不同的是,每当经理提出一个意见,他都要立刻点头,表示他很赞同;职员 C 干脆说:"我认为您的主意是最好的,不需要更改。"只有职员 D 经过思考,说出很多与经理的意见大相径庭的话。

"这一次企划就按照 D 说的来做,散会。"经理最后才说,同时,他透露,如果这次企划完成顺利,D 有可能得到大老板的提升。一时间,A、B、C 三人后悔不已,恨不得刚才提意见的人就是自己。

从上面这个会议我们可以看出,老板最在乎的不是员工的个性,而是员工的实际成绩,只有有实力的员工才是老板器重的。所以,问题的关键是如何让老板看到你的才能,这就要像故事中的 D 一样,在上级面前,做一个积极主动的人。

在职场上不难看到这样的现象,那些沉默不语的人,老板认为他们个性懦弱,害怕出错。那些上司说一句,他们走一步的人,老板认为他们亦步亦趋,不能做大事。只有那些能够大胆提出建议,主动承担责任,又不怕艰巨任务的人,才是最令老板欣赏的。

托尼是一家代理公司的客户经理,在他工作期间,业务量蒸蒸日上,他也成了公司的王牌。老板要求所有员工都要向托尼学习,他总结了托尼的工作风格:

"托尼是一个主动的人,他会主动寻找市场,甚至比老板更先一步考虑到公司应该如何改进,如何定位。尽管他的意见不一定是对的,但他给了上级更多的思考空间。托尼不会推卸责任,你从不会在他口中听到'这是××的错'之类的话,即使是失败,他也会主动承担,这样的行为才得到了上级最多的信任。和那些绕开困难的员工不同,托尼不会抱怨工作繁重,他会主动担起最麻烦的工作,这也是我一直器重他的原因,我认为他比其他人更有责任感。"

具有戏剧性的是,就在几个月后,一直被老板器重的托尼辞职了,去一家更好的公司,他说:"我需要更大的空间施展拳脚,我不担心我的未来,一个积极肯干的员工,远比一个只知道完成任务的员工更有价值。所以,我走到哪里都会有市场,是我选择老板,不是老板选择我。"

积极主动的人，总能把选择权抓在自己手上，换言之，是他们选择工作，不是工作选择他们，是他们选择老板，不必等老板来挑选。托尼是一个充分了解自我价值的人，他的最大特点就是主动，对工作主动，对未来主动，他牢牢地把握着自己的人生方向，在恰当的时候实现飞跃，这是做大事的人共有的特征。

主动的人会做老板没交代的事，而不会等上司来吩咐"你今天应该做这件事、那件事"，在他们的日程表中，要做的事永远比上司交代的事更多，他们不会等待事情来找自己，而会自己找事情，在他们看来，工作就意味着主动做事，如果一切都等上司来吩咐，那自己就成了应声虫，不会有太大发展。这一切，使主动的人拥有了旁人无法企及的行动力，他们想到什么，都会立刻去做，不浪费任何时间。从这个意义上来说，在任何时候，主动的人总能够抢占先机，抓到别人还没看到的机会。

不只为薪水工作，更要为事业工作

无论才能多么卓越，如果缺乏热情，则于事无补。

"你怎样对待今日的工作？"这是一家著名人力机构对部分人群进行的一项调查。结果显示，大部分人对工作报以"差不多"态度，"今天能够完成任务是最重要的，质量可以马马虎虎"选项以45%的比例占据第一位，还有17%人希望"能够得到他人协助完成工作"。而针对"你为什么会有这样的态度"这一问题，多数人回答:"为了薪水。"

罗曼·V.皮尔有一句名言:"态度决定一切",很多时候,我们的生活状态与我们的心态息息相关,就工作而言,不论是"质量可以马马虎虎"的应付心态,或者"希望得到别人协助"的依赖心态,都存在着一种混日子的侥幸心理:质量马虎,也许上级不会发现;有他人协助,自己可以省很多力气。这样的态度决定了工作的目的:拿到这个月的薪水。

为了薪水而工作,是一种自甘平庸的心态,怀有这种想法的人,把自己付出的心血直接等同于或多或少的一叠人民币,他们看不到薪水之外的东西,认为工作就是为了混口饭吃。他们没有想过,不论是工作中需要的脑力、体力甚至心理需要承受的压力,这些东西的价值远远高于一个月的薪水。更重要的是,为薪水工作,不会得到心理上的满足感和成就感,因为这些人只关心自己的工资卡,忽略了工作给他们带来的益处。

工作固然是人在社会立足的根本,但它本身能给人带来的,不只是一份正当的职业、一份糊口的工资,更重要的是,工作是学校教育的延续,它是一种社会锻炼,能给人以最多的知识。人们只有通过工作,才能最大限度地实现自己的社会价值。为了薪水工作的人,轻视了工作的意义,也就不会喜欢自己的工作,甚至无法对工作产生认同感。

汤姆住在法国一个小村庄,他从未看过大海,有一天,他去了马赛。那一天天气状况不好,波浪很大,汤姆看到打渔的船只在海面摇摇晃晃,忍不住缩着脖子说:"大海真危险,还好我住在山里,也不用当水手。"

一个水手刚好经过他的身边,听到汤姆的话,反问道:"当水手有什么不好?"

汤姆说:"你不觉得当水手很危险?你为什么要当水手呢?"

"因为海洋非常美丽,我和每一个水手一样,热爱大海。"水手回答。

"那么,你的父亲也是水手吗?"汤姆问。

"是的,他死在海里。"

"你的爷爷呢?"

"他也死在海里。"

"如果我是你,我根本不会再到海里去了。"汤姆说。

"那么,请你告诉我,你的爸爸死在哪里?"

"他死在床上。"

"你的爷爷呢?"

"也死在床上。"

"如果我是你,我再也不上床睡觉了。"

不喜欢自己工作的人,就会像汤姆一样为自己找借口,要么说工作无聊无趣,要么怨任务繁重危险,实际上,他们在掩盖自己的胆怯和无能:他们没有信心做好这件事,所以干脆从根本上否定这件事的价值。他们一味强调自己对工作的不满,不愿全心全意投入到工作中。

有理想的人则把工作当做事业,他们认为干一行就要爱一行,做每一件事——即使是一件小事——也要体现自己的价值,他们不会希望别人分担自己的任务,也不会抱怨自己的工作,更不会为自己的失败找借口,这就是我们常说的事业心。有事业心的人,就像热爱大海的水手,他们看中大海中蕴藏的机遇,享受与大自然搏斗所带来的成就感。而为薪水工作的人,像躲在山里的汤姆,经受不起一丁点风浪,只有庸庸碌碌的人生。

很多时候,不能把工作当做事业,是源自一种"害怕付出"的心理,人们害怕自己的付出得不到相应的回报,害怕自己白忙一场。所以,他们舍高取低,宁愿为薪水忙碌。但是,为了薪水工作的人,看不到更高的目标,即使机会到了眼前,他们也会视而不见,这样的人,一辈子只能当打工者。只有那些为事业工作的人,才有可能激发自己的潜能,最终有所作为,有所成就。

在你抱怨的时候,机会正悄悄溜走

总是在抱怨的人,听不到机会来到的声音。

王辉在一家小有名气的公司里做销售员,他是个有口才,擅长交际又勤快的人,他认为这是一份很适合自己的工作,可是,工作经常让他觉得郁闷。首先是公司的管理混乱,上级的分工不明确,今天这个领导下的命令,明天另一个领导就可能更改,这让王辉觉得很难做。而且,老板只关心如何拿下生意,如何赚钱,很少考虑售后服务,这让负责任的王辉很难忍受。在这样的环境下,王辉经常抱怨自己的工作。

有一天,当他正在办公室抱怨上级的命令时,老板将他叫到办公室,对他说:"如果你觉得公司不好,明天就可以不用来了。"王辉倔脾气上来,立刻辞掉了工作。

晚上,王辉和老朋友们一起喝酒聊天,他说:"给人打工处处要看别人的脸色,不如自己创业吧!"一位已经开了家小公司的朋友摇摇头说:"如果你不改掉抱怨的习惯,你只能给人打工,永远当不了老板。"

谁都想有这样一份工作:它前景好,有创造性,能够实现自己的价值,做起来不算累,薪水高,福利好,身边有志同道合的同志,有通情达理的上司,办公室宽敞明亮……可惜,世界上没有这种十全十美的工作。打工的人总在抱怨工作不好,却没有人愿意评估一下自己,看看自己是不是个完美的员工。

希望工作有创造性,首先要自己动脑筋;想要实现自己的价值,首先要做的是付出;想要自己不那么累,就要想办法提高效率;想要好的薪水和福利,就要拿出相应的成绩;想要与同事好好相处,就要用心经营人际关系;想要得到老板的赏识,就要亮出自己的实力……如果是这样一个十全十美的优秀员工,会找不到好工作吗?不论动脑筋还是努力创造价值,不论经营职场关系还是受到老板赏识,都需要时间,时间如果被抱怨占据,能够做到的事就会变少,得到更好工作的机会也会悄悄溜走。

从前,有个手艺精湛的老木匠,他做的活总能得到东家的好评,他的理想,就是靠自己的劳动,让自己和家人住进一栋宽敞精美的房子。但老木匠有个毛病——爱抱怨。今天嫌下雨了,明天又嫌太阳晒;不是向东家抱怨自己的工作不体面,就是和别人说自己的孩子多么不听话。他总是一副闷闷不乐的样子。

终于,老木匠要退休了。东家看到他辛苦操劳了一辈子,整天愁眉苦脸的,便心生一计,想给他一个惊喜,让他的晚年开心点。于是,东家挽留老木匠先别急着退休,再给自己建造最后一座房子。老木匠看了看图纸,那房子很大,也很费工,想着自己劳碌一辈子,还住在贫寒的小木屋里,他心里有些不痛快,满肚子的牢骚。

老木匠依旧像从前一样,每天干活,可他的嘴总不闲着:"我都这么大岁数了,还要给人做苦工,真是命苦!这辈子都在给别人建房子,可自己却住不上。"老木匠越想越生气,看到这房子这么大、这么考究,又不知道将来是谁住在这里,心里更是憋屈。这样想来,他便没有把心思都用在工作上,每天都是敷衍了事,用的是软料,出的是粗活,只想着房子不塌就行了。

可是,当房子建好的时候,发生了一件意外的事。东家把大门的钥匙交给了老木匠,说:"你辛苦了这么多年,我想给你一件意外的礼物,这座房子就是你应得的报酬,让你的老伴和孩子都住进来吧!"

听到这番话,老木匠目瞪口呆,他简直不敢相信。这种惊讶过去后,他立即又开始后悔和抱怨,气自己竟然错失了良机。如果他早知道这座房子是给自己建造的,他怎么可能那样偷奸耍滑呢?可惜,说什么都晚了,如今他也只能住进一幢粗制滥造的房子里了。

抱怨工作的人,一切工作都会让他闷闷不乐,他们不把工作当成事业,只当成一个必须完成的任务,在工作的时候,他们想到不是如何做得更好,而是怎样做得更少,有人甚至粗制滥造,草草了事。殊不知,有多少付出就有多少回报,当老木匠用最粗劣的材料,最简单的工艺完成了东家交代的任务,却得知东家将这个任务当做酬劳送给他,这真是莫大的讽刺。

俗话说,一分耕耘一分收获。耕耘者心境不同,收获也有很大的不同。有些耕耘者精心选择种子,一次次翻土犁地,不辞劳苦地浇水施肥,看着作物一天天长大;有些则是把种子撒进土里,按时浇水,按量施肥。前者精耕细作,后者也称得上有条不紊。收获的时候,前者的收获不一定比后者的更多更好,但是,前一种人在劳作的过程中,每天思考着如何让作物长得更好,他们走在田里,想到的是一片丰收的景象;后一种人每天都能完成任务,他们走在田里,想到的是赶快干完活,回家休息。时间一长,同样的耕耘,前一种人收获到开心和快乐,后一种人心中充满了腻烦的情绪。

工作是人生重要的组成部分,抱怨工作的人,不但失去了更好的工作机会,甚至会失去快乐的心情、幸福的心境,进而影响整个生活。工作上固然有不如意,但通过努力,这些都能够解决,实在解决不了,可以换一家公司,为什么要因为小小的抱怨影响自己的生活呢?要知道机会也有喜好,在一片抱怨声中,它总是选择默默努力的那一个。

任务应该在昨天完成

世界上那些最容易的事情中，拖延时间最不费力。

一位老板要去国外签合同，而且会在一个大型商务会议上发表宣传本公司形象的重要演说，首席秘书在整理老板的文件时，发现缺了一份，他找来部门经理问："老板今天就要上飞机了，需要的文件在哪里？"

部门经理说："我在今早四点的时候打了个盹，还没写完那份文件，反正那份文件是英文，老板看不懂，在飞机上也用不到，等他下了飞机，我再给他传真过去也不迟。"

"你说什么！"秘书大惊失色："老板会在飞机上和外籍顾问商量你的这份报告，你竟然没写完！你浪费了老板在飞机上的时间！"

在繁忙的工作中，很多人都希望能有机会透一口气，抽空休息一下，故事中的部门经理能为自己寻找很多开脱理由，比如"我工作到四点，体力透支，实在支撑不住了"，"老板不会英语，在飞机上根本用不到这份资料"，"我认为时间还来得及"等等，事实上，这些理由都是"他认为"，并不是公司的安排，也不是老板的实际需要。而且，没有任何准备，仓促上阵做完的工作，更容易出现纰漏，给上级带来更多麻烦。

在职场中，多数上司不会像小学老师那样，提醒下属做这个、做那个，时刻检查他们的任务有没有完成，完成得好不好。越好的公司越讲究人性化管理，上司们不希望自己像监工那样，时刻踱来踱去盯着下属们的一举一动，他们希望下属们能够主动负责地完成任务，不以任何理由拖延自己的工作。"你还没做完那个工作吗？"这是上司不满的信号，也是对下属责任感的严重质疑。

我们之所以有得过且过的心理，是因为心里并不重视自己的工作，换言之，当我们草率地说"今天太累了，不做了，明天再说吧"的时候，心里的潜台词是："就算做不完也没什么。"这样想的人并不珍惜自己的工作机会，也并没有设身处地为自己的上司考虑，有些人抱定这样的想法：麻烦不是自己的，出了篓子也是上司的事。在这种自私心理的支配下，延误就成了常事。可是，没有上司需要一个误事的属下，没过多久，上司忍耐期一过，就会迅速撤掉误事者。

"火烧眉毛也不着急。"是王副经理对业务员小李的评价，小李一直把这句话当成夸奖。

小李做事认真，做出来的资料基本不会出错，可惜他是个慢性子，做什么事都不紧不慢，每周三下午公司开例会，会前三分钟，总能看到小李在不紧不慢地打印会议需要的资料，旁边站了一排等着拿资料的经理、主任、销售代表。

和小李同为业务员的小张却不一样，小张有点粗心，有点小马虎，但他做什么事都有效率，上级交代工作，小张三下五除二就做完，绝不拖延。

年终裁员的时候，王副经理考虑再三，还是决定裁掉小李，留下小张。

人们常常有这样的感叹：工作怎么做都做不完，这几乎是一条职场真理。这个时候，拖延就成了一种危险的行为，因为新工作总会源源不断地到来，旧工作尚未完成的话，任务就会越拖越多。拖延影响的不只是一个人，还能影响到整个团队的效率。就像慢条斯理的小李，当他打印资料的时候，旁边的经理、主任、销售代表们只能耐着性子等在旁边。其实，他们更想在会议前几分钟，一起讨论一下会议内容，以应对大老板的提问。难怪王副经理在年底放弃了认真的小李，选择了相对粗心却有行动力的小张。

也有人说,"不是想拖延,是任务太重",说这话的同时也应该看到,时间紧、任务重正是对自己的考验,能否在规定时间完成,是对自己能力的锻炼。适当的劳逸结合有利于工作效率,但以"任务重"为托词,就会纵容自己的惰性,生出更多得过且过的念头。

有句名言说:"昨天准备几分钟,好过今天忙碌几小时。"提前为自己的工作作好准备,与按时完成自己的工作同样重要。每天进入办公室的时候,能够确定昨天的任务都已经在昨天结束,今天的任务已然胸有成竹,无疑是打拼职场的最佳状态。

不要和自己的失败赌气

打败自己的往往是自己。

从前有个渔夫,有一天他去海边打鱼,刚好遇到大雨,他试着滑动自己的小船,却发现浪涛太大,小船无法前进。渔夫是个死心眼的人,他仍在暴雨中支撑着划桨,却没有打到一条小鱼。一气之下,渔夫撕破了自己的渔网。

第二天,海面风平浪静,渔人们扬帆出海,全都满载而归,互相炫耀自己的好收成,只有那个渔夫因渔网破了留在家里补网,错过了难得的好天气。

因为风浪无法打鱼,迁怒自己的渔网,导致风和日丽的时候无法出海,农夫为自己愚蠢的行为付出了很大代价。相信他只要回头想想,就会后悔自己的赌气行为。

在职场中,很多人就像这个渔夫,因一时的失败作出让自己后悔的事。有时老板一句过火的指责,员工一气之下辞职走人,在人才市场艰难地找新工作;有时做错了一个任务,对自己失去信心,从此再也不敢接受这类型的项目;有时受到同事的非议,意气用事不再和这些人合作,影响了团队的团结……在职场中,赌气行为每天都在上演,事实上,赌气只是逞一时之快,不能给人带来任何实际利益,可谓得不偿失。

当一个人因失败而产生沮丧和心理不平衡,当他无法对人发泄,和自己赌气就成了他们选择的处理方式,但是,赌气是自己跟自己过不去,是在用极端的方法惩罚自己的失败,最大的受害者仍是自己,一次失败后再加一次赌气,会使本来已经糟糕的事态向更严重的情况发展,导致更大的、甚至一连串的失败。可见,赌气是最不能解决问题的行为,寻找出路才是最好的办法。

成功者都曾面临失败,他们知道总是想着失败的痛苦无益于未来,与其伤心难过,不如仔细分析失败的原因,决定下一步究竟要怎么走。失败只是人生的一次经历,从中能够得到知识,得到磨炼,所有的失败不过是前进道路上的一项考验。在工作中更是如此,想学打架先学挨打,人们都在失败中摸爬滚打,因此而来的经验最直接也最有价值,所以,成功者感谢曾经的失败。

失败能磨砺一个人的品行,其实,成功与失败的标准只在自己心里,海明威的名著《老人与海》中有这样一句名言:"一个人生来并不是要给打败的,你尽可能消灭他,但就是打不败他。"失败并不可怕,可怕的是丧失成功的信念,不因失败消沉的人,会在一次次失败中找到成功的机会。

不要和自己的失败赌气,也不要因为失败而一蹶不振,人生总要经历风雨才能看见彩虹,在成功之前,首先要有永不言败的斗志和百折不挠的精神。

第九辑

与负面能量断舍离

　　心灵是一个容器，注满琐碎，人就疲惫；注满忧郁，人就黯淡；注满希望，人就会如花朵般舒展。人生伤痛难免、失意难免，若心灵始终被负面情绪占据，就像乌云遮挡天空，看不到阳光。摆脱那些负面缠累，用真挚的心感受世界，幸福会一路跟随我们。

让我们时刻想着那些快乐幸福的时光

快乐的回忆能给人无尽的力量。

将军在一场战役中失败,孤身一人逃走,追兵就在身后,慌忙中,他的卫士将自己的老马给了他。将军想要尽快回到自己的都城。前方出现一个断崖,离对面山头足有十几米的距离,将军催促着马匹,战马似乎也感觉到情况紧急,它努力了几次,都在即将起跳的时候退了回去,它太老了,已经禁不起这种跳跃。

在危急关头自己却只有一匹老马,将军万念俱灰。突然间,他想到这匹马陪自己的卫士经历过不少辉煌的战役,将军拿起马背上的号角,用力吹了起来,听到号角声的战马想到它年轻时作战的勇敢,一鼓作气,后退几步,一跃跳过了断崖。

只身逃跑的将军遇到了悬崖,他骑的是一匹无法跳跃的老马。危急关头,将军用吹军号的方式唤起了老马对过去的回忆,嘹亮的号角代表马的光荣和战绩,只要听到这激动人心的声音,老马就回想起曾经的勇气,于是奋发精神跳过了断崖。老骥伏枥,志在千里,年老的战马只要仍然怀着昔日的豪情,即使力不从心,也能在关键时刻创造奇迹。

人是情绪动物,在任何情况下都不能保持百分之百的理智,如果一个人有积极的情绪,他就会在各方面表现得积极,困难时候他会乐观,贫困时候他懂知足,遭遇失败能够安慰自己不气馁。反之,当一个人被消极情绪左右,困难时他逃避,贫困时他抱怨,遭遇失败就会一蹶不振……想要生活得积极,首先要培养积极的情绪。

社会学家经过研究发现,人的成功也是一种情绪,当一个人在某一方面获得成就,以这个成就为起点,他会意气风发地取得更大的成功,甚至在其他方面也会以更高的标准要求自己,做到一些他从前认为不可能做到的事。当成功变成一种惯性,一个人的整体素质就在这个连锁反应中提高,当一个人遇到不如意,不可避免会产生负面情绪,如果任由这种情绪发展,就会在各个方面遭遇挫折,形成"失败的惯性"。

面色憔悴的中年男人走进心理诊所,向医生诉说他的烦恼。

男人的工厂刚刚倒闭,妻子每天都在骂他没用,正在留学的儿子打电话来催生活费,男人每天顶着巨大的压力,身心俱疲。

"请您告诉我,您的妻子为人如何?"心理医生安静地听完男人的诉苦,问了一个问题。

"她人很好,已经40岁了,依然很美丽,就是脾气坏了点。"男人回答。

"您的儿子聪明吗?和您感情好不好?"心理医生又问。

"我的儿子非常聪明,在国外一所名校读研究生,这些年来,父子感情一直都好。"

"既然您和妻子、儿子感情这样好,只要记得他们的好,您还有什么烦恼?"医生问。

故事里的男人正在遭遇中年危机,身体状况不如从前,事业遇到瓶颈,家庭生活不如意,这一切正在毁掉他曾有的对生活的热情。心理医生明确地指出,他所抱怨的事和以前一样,没有什么变化,有变化的是他的心境。既然男人和妻儿的感情依旧很好，只要记住他们的优点，和他们共度的快乐时光，一切烦恼都只是幸福的陪衬，不需要计较。

随着年岁的增长，我们的烦恼越来越多，生活逐渐被数不胜数的琐事占据，多数人都变得麻木：遇到快乐的事，不会特别快乐，遇到痛苦，也表现出一种迟钝，似乎痛苦不算什么。这种反应背后却是激情的丧失，因为不想再努力，想要安于现状。得过且过的心理比失望还要糟，所以，越是年长，越要警惕负面情绪对心理造成的影响，多多关注积极的方面：青春不在了，但身体还健康；学习能力退化了，但头脑因经验更加聪明；很多梦想还没达成，但自己还在努力，未来还长……

什么样的人是幸福的人？那些记忆里充满阳光的人。他们记得过去每一个令他们感觉快乐的细节，记得生活给他们的每一次满足，他们不会勉强自己记住不愉快，即使痛苦的回忆，他们也能从珍惜中得到经验或感悟，他们的回忆不会阻碍他们前进的步伐，而是能让他们满怀信心。时刻想着那些快乐的时光，每个人都能变成幸福的人。

很多麻烦都是我们自己想出来的

没事找事的人在自讨苦吃。

小田最近迷上了周公解梦,经常拿着一本书分析自己做过的梦。他把梦分为"大吉"、"吉"、"中"、"凶"、"大凶"五个种类。做了吉梦,小田笑容满面,每当做了凶梦,比如梦到乌鸦,梦到盗贼闯进自己家,梦见自己站在海岸上,都要担惊受怕一整天。

不知为什么,小田的凶梦越做越多,渐渐影响了他的身体,同事们都能看出小田的精神越来越差。直到有一天,小田的女朋友将那本《周公解梦》扔进了垃圾桶,他才告别噩梦,恢复正常生活。

心理学认为,梦境是现实的折射,弗洛伊德说,梦代表着现实欲望的延续。科学无法解释做梦,古人认为梦境是对未来的预兆,于是将梦分为吉梦、凶梦。多数情况下,梦与现实无关,但迷信这种说法的人总是疑神疑鬼,想要从自己做过的梦中分析出一点关于未来的蛛丝马迹,梦到好兆头,他们认为这是件吉利事,梦到凶兆,他们惶惶不可终日。故事里的小田就因为一本《周公解梦》,影响到自己的正常生活。最初,他担心自己会遇到危险,后来,他天天害怕做凶梦,结果日有所思夜有所梦,他的精神越来越差。

和周公解梦类似的是,我们经常会有不必要的担心,对事物有不祥的预感,身体不舒服的时候,我们担心自己生了大病;感情不顺利的时候,我们担心自己失恋;事业处于低谷的时候,我们担心自己没有能力把握局面……其实我们担心的事并没有发生,也不一定会发生。我们害怕是因为输给了内心对失败的想象,而不是真的面对失败。古人根据这种心理编了一个故事:

古时候,杞国有个人,整天担心天会塌下来把自己压死,为此,他吃不下饭,睡不好觉,邻居问他:"我听说你每天都睡不安稳,到底在担心什么?"这个人说:"如果有一天,天塌下来,我们大家就都被压死了。"邻居哈哈大笑,反问他:"难道你在这里担心,天就不会塌下来吗?既然你毫无办法,索性就放宽心,别再想这件事了。"

担心天塌下来,和担心噩梦成真一样是没道理的事,杞人忧天的结果,就是自寻烦恼。邻居的话说得明白,天塌下来又能怎样?既然没办法改变,担心有什么用,不如宽宽心,做好今天的事。达观的人大抵有这种心态,他们知道一切烦恼都是自找的,自讨苦吃的人最愚蠢。想要远离烦恼,首先不要自己给自己找事。

法国作家大仲马说:"人生是一串无数小烦恼组成的念珠。"烦恼有的时候来自内心没来由的念头,有的时候来自他人,烦恼不可避免,即使是那些能够应付重大决策的人,也常常会被日常小事搅得心烦意乱。人们为他人烦恼,不外乎他人冒犯了自己,他人干扰了自己,他人不体谅自己,他人不小心得罪了自己……但如果自己不生气,别人又怎么能给你烦恼?烦恼没有穷尽,如果一一计较,生活就会支零破碎,时间也在怒气中被浪费。

关于人的寿命,有这样一种统计:不气自己也不气别人的人,能活到 90 岁;只气别人不气自己的人,能活到 80 岁;爱生气也经常气到别人的人,能活到 70 岁;经常受气的人,能活到 60 岁。而那些没事给自己找气生的人,只能活到 50 岁。

心宽的人容易长寿,人的寿命有限,何必因为他人为自己增添烦恼?不如学着豁达，学着宽容，不但为自己带来好心态，也给别人一个舒心的笑脸。

心里想着阳光，阳光就会真的普照

信念或许是遥不可期的，然而你一旦坚持下去，它就会迅速升值。

1995年，一支科考队去热带雨林采集标本，这支科考队共有来自5个国家的8位专家学者，他们在热带雨林中要时刻注意毒虫猛兽，还要记录方向，防止迷路。

科考任务即将结束的时候，科考队遭遇了大雾天气，大雾持续一整天，队员们找不到方向，更糟糕的是，他们背包里的食物也吃完了。雨林里虽然有很多动植物，但大家都知道，这些动植物极有可能含有剧毒，不能随便食用，何况又是在伸手不见五指的大雾中。

正当他们忍饥挨饿快要晕倒的时候，一位法国学者兴奋地大叫："我摸到了一棵树，是来的时候我做了记号的树——我在树干上绑了一根粗皮绳，这说明我们离出口不远了，大家再坚持一下！"其他人听到他的话，内心燃起一线曙光，打起精神又走了一整天，终于走出了雨林。等学者们吃饱喝足，都向法国学者道谢说："幸好你在进雨林之前绑了一条皮绳，不然我们都会饿死在雨林里。"

法国学者连连摆手，说："我哪里绑过什么皮绳，都是我编出来的，看到大家饿得快晕倒，我才想到了这个谎话！"

在充满危险的热带雨林,随时都会遇到毒虫、猛兽,科考队遇到大雾天气,又没有粮食,威胁到队员们的性命。这个时候,最重要的就是向前走的意志和排除困难的勇气,法国学者灵机一动,对同伴们说他找到了来时做记号的树,这说明不远处就是雨林的出口,其他人听到这个消息,精神一振,支撑着走出险境。过后他们才知道,做记号的事是法国学者编出来的。故事是假的,但他们得到的力量却是真的,在危险时候,信念尤为重要,甚至能决定一个人的生死。

有一个类似的故事,说的是曹操行军的时候,一连几天没有遇到水源,战士们渴得厉害,渐渐没了精神。曹操见状,对手下的士兵们说:"这个地方我曾经来过,不远处就有一大片梅林,现在正是杨梅收获的季节,到了那片梅林,我们就可以随便摘梅子吃,大家坚持一下!"士兵们听到这个消息,都以为前方有一大片梅林在等着自己,他们这样想着,不停分泌唾液,竟然感到自己不那么渴了。其实,曹操根本没有去过那个地方,附近也根本没有什么梅林,军队就靠着对梅子的渴望一直前进,最后找到水源,解除危机。这就是有名的"望梅止渴"。

在唐朝,科举考试是全国性的大事,书生寒窗数载,都想金榜题名,光宗耀祖。这一年,依然有很多秀才从四面八方进京赶考,长安的客栈家家爆满,就连长安郊区的客栈、寺庙也人满为患,有些书生只能到农家投宿。

有个姓张的聪明书生,早早在长安城外的一户农家租了一间厢房,当大家都在为住宿伤脑筋时,他正坐在厢房里温书,农民家上上下下都认为这秀才一定能高中。

科举之日临近,秀才的精神一天比一天差,有天竟然收拾行李,告诉主人自己要回乡。主人大惊,忙忙询问原因。秀才说,前段日子他做了一个梦,梦到一个秋高气爽的好天气,他打着把雨伞走了很远的路。一连三天,他做了同样的梦,找算命的一算,算命的说:"晴天打伞,就是白费力气,看来您这次赶考不会有结果。"

古代人迷信,秀才越琢磨越觉得有道理,越想越灰心,干脆收拾行李,准备下次再考。农人拦住他说:"且慢,我们农民没事的时候也好研究卜卦解梦,不如听听我的说法,在我看,晴天打伞是个吉兆,预示有备无患,你一定能考中!"

秀才仔细一想,又觉得有道理,放下行李继续温书备考,后来,准备充分的秀才果然一举考中了探花。

马上就要进考场的秀才突然想弃考,看着秀才用功的房东纳闷地问起原因,秀才弃考竟然是因为一个无关紧要的梦,房东几句话就把不吉利的梦说成中举的兆头,秀才进了考场,拿到了探花这个名次。可见秀才有过人的学识,他缺乏的是自信,就因为对自己没有信心,才会因为一点小事动摇决心,这个时候,必须有人给予鼓励。

寺院前总是聚集着算命的人,他们拦下那些前来烧香的游客,给他们看相、抽签、摸骨,这样的事碰上几次就会知道,算命的人不过是说几句吉利话,而那些游客愿意掏出钱,也就为了听这几句吉利话。买卖双方心知肚明,各取所需。人们常常对人生产生迷茫,找不到出路,这个时候他们求签问卦,并不是真的迷信鬼神,而是想听几句告诫、几句鼓励来坚定自己的决心,他们知道他人给予的仅仅是几句话,真正决定成功的是自己的能力。

仔细分析"信念"我们会发现,很多时候,信念就是望梅止渴,它并不神秘,是人们的愿望凝聚成的一种力量,能够促使人们发挥潜能,征服困难,归根结底,信念是对自己的信任,相信自己的意志、能力、决心,相信自己能够达到目的。只有自信的人,才有可能"心想事成",所以诗人汪国真写道:"自信是我最好的加油站。"

只要你坚信，你就可以做到

不论你在什么时候开始，重要的是开始之后就不要停止。

1903年12月17日，美国莱特兄弟（奥维尔和威尔伯）试飞了自己制作的人类历史上第一架实用型飞机，实现了人类征服天空的梦想。面对想要采访他们的记者，莱特兄弟讲起一件往事。

莱特兄弟生于一户普通的美国农民家庭，小时候他们跟随父亲牧羊，看着天空的大雁，兄弟俩问："爸爸，我们为什么不能在天上飞？"

"只要你们相信，你们就可以在天上飞。"父亲回答。

"爸爸你飞一个给我们看！"弟弟说。

父亲遗憾地回答："不行，爸爸小时候不努力，现在年纪大，飞不起来了，你们可不要像爸爸这样。"

从此以后，莱特兄弟每天都在研究如何能飞起来，在遇到困难的时候，他们始终记得父亲的话："只要你们相信，你们就能飞上天空。"

有一句著名的广告词说"人类失去梦想，世界将会怎样"，人类不能失去梦想，世界上的伟人都有一个特点，他们在很年轻的时候，就有别人不敢想的梦想。阅读伟人的传记，人们发现有卓越贡献的人不但有坚强的信念，还有极好的运气，即使在困难的条件下，他们也能做出非同寻常的事。牧羊的莱特兄弟能飞上蓝天,失明的海伦·凯勒能成为知名作家,生在小木屋的林肯能做总统……

人们以为,有了对成功的信念,伟人们就能走向成功。其实这是一种误解,成功的原因并不在于信念,而在于脚踏实地,用心做事。如果莱特兄弟不经过千百次飞行试验,他们的信念再强,也不能飞上天,信念和行动相辅相成,没有信念的行动是盲目的行动,没有行动的信念是白日梦,在实现理想的过程中,起决定作用的是行动,而不是信念。

一位女大学生业余爱好是写小说,她在很多杂志上发表了自己的故事,但读者反响平平,没有谁会刻意记住她。编辑劝她写作时要更用心。女生烦恼地说:"我已经很用心了。"编辑说:"你以为自己很用心,但你的文章里既没有丰富的景物描写,也没有细致的人物刻画,单靠爱情主线支撑,怎么能给人留下深刻印象?何况有时你会出现文史硬伤,这说明你没有好好查资料就动笔。"

当人们有一个目标,首先要想的是如何才能做到,做到后,就要考虑如何才能做得更好。永远不要满足于当前的成绩,你做得远远不够。

森林里,动物们正在举行一年一度的狂欢节,一只被很多动物簇拥着的雄鹰正自豪地讲起它的经历:这一年,它飞到了遥远的埃及,在金字塔尖上看风景。动物们十分羡慕地说:"除了雄鹰,谁还到过金字塔尖呢!"

"我去过。"一个苍老的声音说。

动物们连忙找说话的,找了半天才发现,说这句话的是草丛里的一只老蜗牛。

"你走路这样慢,怎么可能爬过金字塔,你一定是在骗人!"孔雀说。

"我没有骗人,"老蜗牛慢条斯理地讲起了旅行的经过,动物们惊讶地发现,老蜗牛的确去过埃及,它讲的比雄鹰还要详细,雄鹰认真地问了几个细节问题,对大家说:"它的确去过金字塔尖!"

"看来,只要有心,即使一只蜗牛也能爬上金字塔。"百兽之王狮子一边说,一边对那只勇敢的蜗牛深深地鞠了一躬。

一只蜗牛经过长途跋涉，经过不懈努力，爬上了金字塔顶端，动物们不相信这件不可思议的事，但去过金字塔的雄鹰证实了蜗牛的话。任何事物都不能小看，即使是一只慢吞吞的蜗牛。每个人都能做到很多他人想不到的事，秘诀只有一个："有心"。"有心"并不只是有一个想法，更重要的是用心、勤奋的做法。老师常常教育那些成绩不好的学生，天赋虽然重要，但努力同样是到达成功的途径。笨鸟可以先飞、可以早起，同样能得到丰盛的食物。

清朝时，有个读书人曾在落第后写过一副对联激励自己："有志者，事竟成，破釜沉舟，百二秦关终属楚；苦心人，天不负，卧薪尝胆，三千越甲可吞吴。"命运不会放弃敢于拼搏的人，这位苦心人就是著名文学家蒲松龄，他在数次落第后发愤著书，写下了一部流传千古的《聊斋志异》，时至今日，那些中举的秀才们早已没有姓名，蒲松龄的鬼狐仙怪却留在人们的记忆中。

科学研究表明，在成功的诸多因素中，排在第一位的并不是天生的才能、良好的外部环境、生逢其时的机遇，而是一个人自身的勤奋。理想是一座大厦，只有勤奋能为它添砖加瓦，只有勤奋的人才能做这座大厦的主人，不要感叹自己天赋不够、运气不好，失败是因为你做得不够，要提醒自己"再多做一些，再努力一些"，成功一定会在不远的地方等你。

钻牛角尖，令让世界变小

不愿看的人，闭上了心灵的眼睛；不愿听的人，阖上了心灵的耳朵。

动物园的管理员们正在召开紧急会议，一连三天，游客们在动物园散步时，总有袋鼠不时跳过他们面前，这些袋鼠不知为何每天都能跳出笼子，在公园里跑来跑去。

"袋鼠跳跃力好，一定是笼子的围栏太矮，我们应该加高它们的笼子！"一位管理员说。

"可是，前天我们已经增加了10米，难道还要继续增加？"

"这次我们增加30米！袋鼠就算再能跳，也跳不过这个高度。"

晚上，动物们隔着笼子闲聊，一只猴子问："你们说，他们会不会继续增高袋鼠的围栏？"

"肯定会，因为饲养员今天又忘记关笼子的大门，明天，袋鼠还是会跑出去。"一只孔雀回答。

动物园里，袋鼠在游客面前蹦蹦跳跳，管理员以为袋鼠的笼子出了问题，他们一连三天加高袋鼠的笼子，却还是没有解决问题。管理员们单单想到袋鼠能够走出笼子，是因为它们有优秀的跳跃能力，跃过笼子在动物园里到处跑，压根没有想到袋鼠还可以推开笼子的大门，不用跳跃直接走出去。思考问题的方向不止一种,人们却常常陷在思维盲点里出不来。

一位意大利旅行家路过一个山村,在村边的林子里遇到猛虎,好不容易保住了性命,到了村里,他把自己的遭遇告诉村民,希望他们小心老虎,可是村民们却说林子里从来没有老虎,不肯相信旅行家的话。旅行家一气之下,拿起一把猎枪要去林子里找老虎,一位老者拦住他说:"如果你说的话是真的,别人不相信是别人的损失,你不必为了证明自己的一句话去冒生命危险。"冷静下来的旅行家这才想起,自己并没有制服猛虎的实力,就算在林子里碰到老虎又怎么样?难道要用自己的尸体向村民们证明林子有老虎吗?

硬要钻到牛角尖里,世界就会比针眼还小。冲动的人、固执的人都喜欢钻牛角尖,冷静下来回头想想,又都觉得自己的冲动不值得、不理智。生活有无限种可能,解决事情也有无数种办法,为什么不能细心思考,寻找那个最好的?

一只夜莺刚刚拿到"森林最佳女歌手"大奖,她把奖品挂到树枝上,每一天都觉得活得很有面子。一只乌鸦酸溜溜地说:"最佳女歌手算什么,能让后山的那只老牛欣赏的,才是世界上最好的歌声。"

争强好胜的夜莺听到后,立刻飞到后山,找到那只正在耕田的老牛,动情地为它唱了一首歌,赞美它的劳动,老牛像是根本没听见,对夜莺的表演不予理会。

"一定是我选错了歌。"夜莺想,它换了一只斗牛曲,赞美牛的雄壮,可老牛还是不理它。夜莺着急地唱了一支又一支歌,直到唱哑嗓子,老牛也没看它一眼。夜莺伤心地飞回森林,听到这件事的黄鹂说:"你唱你的歌,为什么要在意一头牛的评价?何况,那只牛年老耳背,早就听不到声音,你怎么能对它唱歌!"

夜莺刚刚得到最佳女歌手称号,就遭到乌鸦的算计,让它对着一只耳背的老牛唱了一天歌,累到嗓子哑掉。乌鸦固然狡猾,但最大的问题出在夜莺身上,夜莺太想让所有人都喜欢自己,满意自己唱的歌,才会轻易上了乌鸦的当。其实它的歌声美不美,和牛有什么关系?

一心想要所有人赞美自己的人,都存在着偏执心理。偏执心理的最突出表现是完美主义,什么事都想要做到最好,做什么都希望尽善尽美,这本来是一个优点,但"认真"超过一定限度,就成了"较真",要求一旦高到根本达不到的程度,就成了苛求。喜欢苛求的人不但让自己身心疲惫,还让身边的人也担惊受怕,怕自己不小心踩了偏执者们的雷区。其实,有得必有失,有好的一面就有坏的一面,世界上没有十全十美,偏执者不是在跟世界过不去,而是在和自己过不去。

生活中,钻牛角尖的人到处都有,大到商业上的谈判,小到菜市场的斤两,钻牛角尖的人只能看到自己注意的"一点",一叶障目,看不到更大的空间,更多的可能。把范围缩小到个人身上,牛角尖的危害更大,偏执的人即使错了也要坚持;明明有更好的选择,偏要执著于得不到的东西;什么事都要做好,做不好就抱怨自己怀疑自己……有这样的心态,生活怎么能快乐?凡事还是要看得宽一点,远一点,不要因为偏执错过机会,错过幸福。

付出真诚,才能收获真诚

以诚换诚,将心比心。

一个富翁年纪大了,越发察觉人生短暂,真情难得。他想知道有多少人对他有真感情,就装出病重的样子,想要观察谁对自己真心实意,谁又是虚情假意。

几天后,富翁失望地对一位朋友说:"我发现别人对我的感情都是假的,我的孩子们听说我重病,都赶来怕抢不到财产,朋友们也不过来看上一眼,还有一些平日生意场上的人,都来医院看热闹。"

朋友说:"这么说来,我坐在你的病床前,也是虚情假意的行为。与其看别人对你是否真诚,不如先说说你自己够不够真诚,你这样随随便便怀疑别人,谁又能对你真心真意?"

年纪大的富翁别出心裁,想用装病的办法察觉谁对自己真心,谁对自己假意。孩子们来看他,他觉得是来争财产;朋友们来看他,他觉得朋友看得太少,不够真诚;生意场上有交往的人来看他,他觉得人家来看笑话。富翁总是以最坏的角度揣测他人,难怪认为所有人都对他不真诚。可是富翁连生病都可以造假,又能换来别人多少真心?

越来越多的人抱怨说,当今社会人与人之间不再真诚,朋友不可交心,子女都是债主,夫妻不过同林鸟,大难来时各自飞。当他们抱怨这些时,没有察觉旁听者异样的目光，在旁人看来，能够这样感叹的人，或多或少都存有类似的念头，即使有真情，别人也不会投放到他们身上，谁知道自己的真心真意在他们看来是不是"不可交、不可信"？

人心就像一座花园，你不开放自己，别人怎么会知道这座花园里万紫千红，美不胜收？想要得到朋友，首先要学会信任和真诚，那些对别人充满戒心和疑虑的人，总会以恶意揣测别人的行为和思想，这样的人很难有朋友，也不会真正地理解他人，只有那些能够相信别人的人，才有可能收获真诚。

在法国，著名剧团每周都会有公演，剧团的演员都是戏剧圈的明星。这一天，一位女明星急匆匆奔向后台——她因为堵车差点迟到。

迅速化了装，也就到了她登台的时候，这时，一个新来的剧院杂工对她说："小姐，您的鞋带开了，不系上的话，也许会给您添麻烦。"女明星微笑道谢，随即系上鞋带。等到杂工走了，她又迅速地松开鞋带。其他演员不解地问："你为什么要这样做呢？"

"今天我演的角色是一个疲惫的旅行者，松垮垮的鞋带更适合这一形象，这个杂工这么细心，我不应该打击他的好意，不是吗？所以我才将鞋带系紧。"

一个人对他人是否真诚，从极小的方面就能察觉，女明星感受到杂工的诚意，她并不提醒杂工是他弄错了情况。在女明星看来，这份好意是可贵的，不应该破坏的，与其让杂工知道真相责怪自己多管闲事，不如让他沉浸在帮助他人的快乐中。在这个故事中，热心的杂工和细心的女明星同样真诚，同样可爱。

公车上，所有乘客微笑地看着两个互相谦让的女人，一个是精神爽朗的老太太，一个是背着沉重书包，看上去还没睡醒的初中女生，女孩要给老人让座，老人却说她根本不累，让小女孩安心坐在车上补觉。

女孩尊老让座，老人体谅辛苦的学生，人与人的关系因为互相谅解变得简单美好，小小的公车也成了温馨的场所。

生活中，每一份善意都应该被我们珍惜，人与人的感情不是一种简单的交换，想要要求他人真诚，自己先要做到。当别人需要帮助的时候，立即伸出援手；当看到身边的人烦恼的时候，说几句开导的话，讲一个笑话逗对方开心；当他人与自己意见不同的时候，设身处地地为别人着想。这些发自内心的理解、关怀，即使不能被感知，也能让自己的心灵更加纯净。

人生没有重来的机会

人生没有彩排，每一次都是直播。

溜冰基地新招收了一批小学员，这些小学员今后都会接受严格的训练，然后去参加比赛，表现好的人甚至能得到进入国家队的机会。

第一节课，教练没有带着小学员们练习滑冰，而是在冰场上画了一条线，规定每个学员都要沿着这条线以最快的速度滑到对面。

小学员们大多有溜冰底子，可是这条线并不是直线，有些弯曲，学员们要么没有踩线，要么为了踩到线上摔倒，只有两个人成功滑到对面。教练奖给他们一人一双漂亮的溜冰鞋。

其他学员不服气地说："我们只是不习惯，让我们再滑一次，我们会比他们滑得更好！"

"你们没有第二次机会。"教练严肃地说，"在比赛场上，所有人都只有唯一一次机会，不能有任何粗心大意，也不能找任何借口，这就是我给大家上的第一课，你们要时刻记得！"

小学员们怀着兴奋的心情穿上冰刀，去上第一节课，教练安排了一场别开生面的比赛，旨在告诉孩子们："比赛的机会只有一次，不能有任何粗心大意。"这句简单的话从此烙印在孩子们心里，让他们从一开始就懂得，不管平日成绩多好，个人技术多高，在比赛时也不会比其他人有更多的机会。比赛只有一次，任何疏忽都会导致最终失败，与奖牌失之交臂。

在奥林匹克运动会会场上，我们看到过各种成功、各种失败，参赛选手的实力差距并不多，有些人过分自信，他们认为自己是天生的优胜者，因为轻视对手，他们获得惨痛的教训；也有人过分小心翼翼，明明有最强的实力，一到赛场就放不开手脚，与其说他们输给别人，不如说他们输给了自己；还有人已经退役，没有上场的机会，只能默默地看着自己的队友……一场比赛所包含的东西，远比输赢、胜负更多。

比赛如此，人生也是一样，有人犹豫着不敢上场，有人害怕失败不愿用尽全力，所有人都希望自己正在做的事仅仅是一个演练，失败了还能再重来。可在多数情况下，胜败只有一次，爱情只有一次，抉择只有一次，失去了就会永远失去。不必抱怨命运对自己的吝啬，命运已经给了你生命，给了你机会，即使只有一次。

隔壁的赵大爷最近突然去书店买了很多教材，打听一下才知道，他报名参加了老年大学。

这位赵大爷是附近的名人，小时候他没有好好读书，不到初中毕业就辍学，后来靠倒卖广州的小饰品发了家，做起了服装批发。年老后，生意交给儿子，自己在家里颐养天年。

邻居们不明白，这样一个成功人士怎么会突然去读老年大学？有个小孩子跑进老大爷的院子问："赵爷爷，我妈妈和爸爸说你去读大学，我每天都不想去幼儿园,你这么老了为什么还要读书?"

赵大爷哈哈大笑,抱起那个孩子说:"傻孩子,能读书就是好事。你可要好好学习,不要像赵爷爷一样,老了才知道知识的重要,想要补也补不回来!"

少壮不努力,老大徒伤悲。我们可以想象赵大爷去上老年大学的样子,老人眼花,需要戴上老花镜;手上的动作慢,记笔记要费很多时间;耳朵也不好使,要伸着头才能听清老师说什么……至于学到的内容,老年人记忆差,也许几天后就会全部忘光。这让人不禁感叹,如果当年赵大爷不辍学,趁着自己年少聪明多学一些知识,他还有老来的遗憾吗?

一个人正在挖水井,他已经连续挖了30天,却还是没有挖到储水层,"也许这里根本没有水源",这个念头在他脑海里不断回响,最后,他放下铁锹,决定不再浪费力气。这时路过的人拿起铁锹,又挖了几下,清水突然喷了出来,路过的人对挖井的人说:"好不容易挖到这个深度,怎么能放弃?"

是啊,已经努力了这么多天,一旦放弃就意味着重来,人生又有几次重来的机会?

小男孩正在发愁,他的左边摆了一个红豆雪糕,右边是一个巧克力雪糕,奶奶告诉他,今天只能吃一个,小男孩想着两支雪糕的美味,犹犹豫豫,最后,两只雪糕化成水,男孩一个也没吃到。

即使机会就在自己手中,如果左右摇摆,仍然会一无所得。生活就是这样一个难题,它容不下过多错误的答案,任何动摇、妥协、退避都会导致失败。

所以,唯有珍惜时间,珍惜机会,珍惜每一次努力。

健康的生活是成功的一半

健康是人生最大的财富。

古时候,一个年轻人想成为射箭高手,他拜有名的后羿为师,每日勤学苦练。他问后羿:"师父,我需要多久才能成为一个百发百中的神箭手?"

"按照你的资质和努力程度,只要 8 年时间,你就能做到百发百中。"后羿说。

"那么,我需要多少时间才能成为和您一样的神箭手?"

"那需要 16 年。"后羿说。

"如果我日夜不停地练习射箭,是不是只用 8 年时间,就能和您一样?"

"不可能。"后羿一口否决,年轻人问:"那是为什么?"

"因为在成为神箭手之前,你已经累死了。"

渴望成功,想要一步登天是年轻人的普遍心态,故事中的年轻人想用最短的时间成为一名神箭手,他以为只要日夜不停地练习射箭,就能达到自己的目标。他的师父后羿却告诉他,练箭的人如果不顾及自己的身体健康,很快就会累死,做不成任何事。俗语说:欲速则不达,急切地想做某一件事会起反效果,说的也是这种情况。后羿想要告诫学生的是:不论有什么理想,都要首先保证身体的健康。

人的身体是一个精密的组合,各个细胞、各个器官之间存在着各种循环,共同构成了我们的生命,不论是血液的循环、心脏脉搏的跳动、大脑的运作,都有一定的频率,骨骼的硬度、肌肉的承受力也有一定的限度,一个人能够按照人体规律安排自己生活,就能保证身体健康,精力充沛。如果不按规律则会体质变差,甚至患上各种疾病。身体不健康,是影响人生的最大负面因素。

某集团的总裁最近遇到一件麻烦事,他最信任的两个手下最近频频出现失误,已经影响到今年的业绩。总裁对秘书说:"这两个人一直是公司的优秀员工,从来没有出现过这么大的失误,这到底是怎么回事?"秘书说:"他们这三年来很少休息,体力已经透支,身体情况也不好,因为担心公司,他们才一直坚持工作。"总裁听了若有所思。

第二天早晨,两个手下接到了总裁的电话,命令他们从今天开始不用上班,去云南旅行15天,不到时间不许回公司。两个手下大惊失色,以为总裁要裁掉他们,总裁秘书随即打来电话说:"不用担心,总裁希望你们好好休息一下。"

15天后,两个手下回来了,他们的气色有了明显好转,全身都是干劲,全力以赴地投入到工作中,很快补救了自己的失误,还为公司带来了更多的客户,总裁满意地对秘书说:"身体是革命的本钱,这句话一点也不假。看来今后要多注意给员工们留出充足假期。"

两个手下兢兢业业,为了业绩不惜损害自己的健康,天长日久,身体难免出现问题,最后直接影响到想要做好的工作。这就是身体的恶性循环。总裁在秘书的提醒下,意识到两个手下处于"亚健康"状态,果断地让他们放假休养,这个办法果然奏效,没过多久,手下们就回复到最佳状态。

"亚健康"是现代人的典型状态,它并不是病理上的疾病,而是指人的生命质量差,身体常常徘徊在"健康"和"生病"的中间状态,或者说,是一种"低健康"状态,表现为体质弱,心烦意乱,心理承受力差,缺少定性,甚至出现偏激行为。长期处在亚健康状态的人,不论心理还是生理都处于脆弱状态,心理上很容易烦闷、消极,生理上容易疲劳、生病。亚健康并不是不治之症,通过一段时间的休养,心理上的调节,放慢、规范生活节奏就可以克服。就像故事中的两个手下,一段休假后,就能够恢复生气。不过,如果他们不能吸取教训,继续当工作狂,不久之后,他们又要从健康变成亚健康,甚至从亚健康变成患病状态。

珂珂是 N 市一所大学的大二学生,她是个可爱的女孩,圆嘟嘟的脸蛋,身体有点胖,看着却很舒服。可是,珂珂非常不满意自己的身材,她总想找个方法减掉自己身上多余的肥肉。珂珂首先尝试各种减肥药,可是,减肥药当时有效,过后反弹。然后,珂珂尝试运动减肥,可是,运动减肥战线太长,没有一两年看不出效果。

最后,珂珂发现一个节食食谱,她按照食谱上说的,每天只吃蔬菜和酸奶,过了半个月,体重虽然下降,她的精神越来越不好。又过了一个月,珂珂在一次考试中晕倒,被送到医院。

爱美是女孩子的天性,减肥是现代女人的潮流。胖人追求苗条,瘦人追求骨感,"越瘦越好"已经成为多数女性的共识,各种减肥方法应运而生,那些减肥药除了让商家大赚一笔,并没有给女人们带来想象中的美丽,倒有不少人像珂珂那样搞坏了身体。

成熟的人懂得"量力而行",不论做什么,他们把健康因素摆在第一位,注意"可持续发展"。而不懂事的人喜欢逞能,只想今天不想明天,往往落得功亏一篑的下场。可见不论追求什么,都不能拿自己的身体开玩笑。

珍爱自己的健康,因为"留得青山在,不愁没柴烧",青山不在,一切愿望都成了空谈。

健康的心态使人益寿延年

笑口常开,是长命百岁的秘方。

曾经有两个女人一同到医院看病,分别拍了 X 光片。其中一人得的是肝硬化,另一人不过是例行检查,身体并无疾病。然而,医生的一个不经意,将两个人的片子弄错了,结果给她们做出了相反的诊断。这一点点的疏忽,让两个病人的生活发生了巨大的变化。

那个得了肝硬化的女人知道自己"没病"之后,心情舒畅,经过一段时间的调养之后,身体竟然好了起来。而那个原本没有病的女人在被误诊之后,终日郁郁寡欢,总担心自己的"病情"会恶化,结果她真的生病了。

两张弄错的 X 光片,让有病的人变得健康,没病的人身体出了问题。一个人终日闷闷不乐,无事发愁,身体各个器官长期处于压抑中,很容易引发疾病;一个人什么事都不放在心上,每天开开心心,身体细胞长期处在活跃状态,即使生病,也很容易得到抑制。很多疾病并不单纯因为生理上的病变,有时候,疾病来自心理,来自精神。

一位专门治疗癌症的医生刚刚抢救了一个垂危的病人,这次抢救行动持续几周时间,病人的癌细胞已经扩散,无法进食,即所谓的"癌症晚期",但是,这个病人十分乐观,面对死亡没有丝毫害怕,反而经常安慰医生和护士,告诉他们自己全身的细胞都在和癌细胞做斗争。这个风趣而坚强的病人让医生感动。经过抢救小组的精心救治,患者体内的癌细胞被控制,这个结果令所有人惊讶。精神力量如此强大,连现代医学也无法解释。

经常听说哪个地方有百岁老人出现,当人们向老寿星们询问长寿秘诀,得到的回答并不是延年益寿的药物,而是一颗乐观开朗的心。精神的力量能够对抗肉体的病变,如果说健康的身体是革命的保障,健康的心灵就是革命的前提。

地税局的一位老职员刚刚退休,有个领导关心老员工,特地去老人家里看望,他发现老人一个人住着一间二室一厅的房子,每天出门逛逛公园、下下棋,神采奕奕。领导问:"只有你一个人住吗?"

"是啊,我父母早过世了,一辈子没结婚,也没有子女,只有我一个人。"

"那你可要多攒些钱啊。"

"为什么要攒钱?以前,我拿到工资就在当月花掉,日子过得很快活。现在,退休金也够我每月的花销。"

"不对。"领导语重心长地说,"你和年轻时候不一样了,你已经老了,何况,你还没有子女,一旦你生病,没人照顾你,你只能靠自己的积蓄。"

从此以后,老人每天想着领导的话,一分钱也不敢多花,也不再热衷各种老年活动,他整天闷在屋子里,算着自己攒下的钱。很快,老人生了一场大病。

人到老年,难免遇到各种生活问题,老职员本是个想法简单的人,他虽然没有妻儿子女,却有自己的房子,每个月有足够应付开支的退休金,他每天都能找到合适的娱乐,让自己精神奕奕。可是领导的来访改变了他的生活状态,领导提醒他要存钱,要考虑今后的日子,老职员听信了领导的话,不敢乱花钱,不敢随便走动,生病的时候,恐怕还算计着自己的存款够不够支付医疗费,他恐怕没想到,正是这种过分小心的心态让自己躺进医院。

每个人都有自己的生活习惯,适合自己的就是最好的,强行改变就会出现问题,领导一句话改变了老人的思想,虽然他的提醒出于一片好心。老人想要改变,却不能及时调整自己,归根结底,是心态出了问题。看来,想要身体健康,不但要注意疾病的防治,还要关爱心灵健康。

近年来,全国各个城市出现了大大小小的心理诊所,心理学也逐渐从冷门变为很多人想要报考的学科。人们越来越重视内心世界,想要从内心寻找生活的答案。的确,心灵的力量有时能够决定一个人身体是否健康,事业是否成功,生活是否幸福。健康的心态来自哪里?很简单,来自对自身的肯定,对生活的满足,对幸福的追求。其实,我们所拥有的一切美好的东西,不正是来自这种积极的心态吗?

灵魂的美不会随着岁月的流逝而消失

只要你具备了精神气质的美,你就会拥有不会衰减的自然之美。

爱尔兰有个叫叶芝的诗人,终身迷恋北爱尔兰一位叫做茅德冈的女演员,他曾经写下这样一首诗:"多少人爱你年轻欢畅的时辰,爱慕你的美貌,假意或是真心,只有一个人爱你朝圣者的灵魂,爱你衰老的脸上哀戚的皱纹。"

在诗人看来,比起美貌,茅德冈的灵魂更让他爱慕,而且,只有灵魂才能不随岁月苍老,对灵魂的爱才是真正的爱情。

叶芝的这首《当你老了》是文学史上著名的情诗,国内曾有乐队将它改成更加直白的流行歌曲:"多少人爱慕你年轻时的容颜,可知谁愿承受岁月无情的变迁。"岁月无情,所有事情都会老,美丽的花会凋谢,美丽的容貌会被岁月摧残,究竟什么样的美能够永远存在?诗人给出的答案是:灵魂。

在一个论坛上,有人发了一个帖子,题目是《发现最美的女孩,大雨中感人的一幕》,帖子没有文字,只有一张照片:大雨中,一个女孩拿着一把伞,遮住街道上一个残疾乞丐的身体。回帖的人都在夸奖女孩美丽的心灵,这时有人发了另一张照片,照片上一位老奶奶正在给几个孩子背书包,这位老人退休后收养了好几个孤儿。这个女孩和这位老奶奶年龄不同,但她们的美德却是相同的,让人赞叹的。

不论年老还是年少,只有心灵的美是共通的,不会随时间改变,当一个老人仍然像小孩子一样善良可爱,我们会说他"不失赤子之心",这份"赤子之心",是指一个人对生命的热情,对他人的关怀,对世界的爱,也是人类世世代代流传的美德。千百年来,诗人歌颂它,宗教家以它为荣,父母用它教育孩子。

一天晚上,在瑞士的一座小镇,一位智者正在和几位学生聊天,智者说:"人们都说,美德是最珍贵的,现在你们每个人都来为美德想一个比喻。"

"美德像水,滋养万物。"一个学生说。

"水能滋养万物,也能泛滥成灾。"智者反驳。

"美德像树,懂得孕育的人不但能收获果实,还能长成众人仰望的高度。"一个学生说。

"世界上没有常青树,树木会老,美德不会。"智者说。

这时,一个学生站起身,指着窗户中洒进来的月光说:"美德就像月光,它慷慨,不会给人造成损害,不会老也不会死,给人以永恒的光辉和美感。"

"这个美誉太恰当了!"学生们异口同声地说,智者也报以赞同的微笑。

滋养万物的水,有时会酿成灾害;参天古树虽然高大,但是会衰老,会腐朽。

智者赞同最后一个学生的说法，灵魂的美像月光，恒久，慷慨，美丽。美德具有生命力，它总能以无声无息的方式给自己、给旁人以温暖和关爱。放弃美德的人，就像放弃月光，把自己关进漆黑的房子，看不到光明，透不过气，最后只能在自己的世界徘徊，再也体会不到世界的多彩。

泰戈尔有一句诗："谁将伴随你上路？离灵魂最近的人。"事实上，没有谁能够永远陪伴着我们，父母会因为寿命离我们而去，朋友与爱人毕竟是不同的个体，有不同的思维，不能完全贴合我们的灵魂，只有美德才是灵魂永久的伴侣。它能够在失意时抚慰我们的伤痛，也能在成功时增添我们的欢乐，任何事有了美德的陪伴，都会变得有价值，有意义。

我国自古就重视"修身养性"的教育，它的实质是追求灵魂之美。让我们重温先哲们的名言："穷则独善其身，达则兼济天下"，富贵不能淫，贫贱不能移，威武不能屈"，"人生自古谁无死，留取丹心照汗青"……

美德的本质在于"利他"，美德是自身的一种修养，一种心性，它最大的特点是让人愿意为他人着想，愿意为集体奉献，愿意为社会造福。这样的人生同样不会随时间消失，它们会永远铭记在接受者心中，成为一道不变的风景。人们的追求总是在高处，在远方，美德则是脚下最平实的、能够承载一切、无限延长的路。

带着爱和希望前行

对自己要怀有本能的爱。

林洁是一位知名的女作家，不到 30 岁已经出了十几本书，包括小说、散文集、诗集，年纪轻轻就在市中心买下一套房子。可是，伴随成功的并不是荣誉和舒适的生活，而是日渐疲惫的内心。

林洁想要缓解精神疲乏，开始练习瑜伽，瑜伽没有用处，她依然每天都觉得累。这天，瑜伽教练打来电话，询问林洁为什么一连旷了三堂课，是不是遇到了什么麻烦。

林洁大体说了自己的情况，对瑜伽师感叹："现在我也算功成名就，经常有大学邀请我为学生们讲座，总有媒体跟我预约采访，电视台也不止一次邀请我做节目，我也不知道自己为什么这么累。"瑜伽师说："这很简单，就像一个人不能把很多漂亮衣服穿在身上，不能把几十条宝石项链同时挂在脖子上，你是一个作家，却做了太多写作以外的事，怎么会不累？"

林洁挂断电话的同时，脑子一片清明，从此她推掉了所有应酬，专心写作，她的生活又回复到往日的单纯快乐。她发现生活最佳的伴侣并不是安逸的享受，而是最初的激情与梦想。

失去之后才能知道拥有的可贵，林洁曾经是一个因文字快乐的作家，成名后,她却一天比一天疲惫。因为数不完的应酬,因为推不完的采访,她已经失去了当初那种简单的心态,陷入名利之中,不能解脱。瑜伽师的话让林洁茅塞顿开:是啊,她只是一个作家,不是社会活动家,不是教师,不是公众人物,为什么要为这些琐事牵绊自己?作家最应该做的是写出好的作品。终于懂得这个道理的林洁,很快回到了原始的写作状态,当她再一次抛开俗务,沉浸在精神天地中,才发现最初的梦想,就是最好的伴侣。

什么是真正的满足?每个人都有不同的答案。追求财富的人渴望家财万贯,追求学术的人想要著作等身,教师想要桃李满天下,运动员想要在奥运赛场摘金夺银,医师希望自己妙手回春,演员想要感动全世界……对所有人而言,梦想的实现就意味着满足,但是,梦想的实现过程难免曲折,人生的道路总是有太多挫折。

在人生的战场上,每个人都可以是英雄,海伦·凯勒正是凭借她的坚强与勇气,成为20世纪全球人的偶像。

海伦·凯勒在出生不久就失去了听觉、视觉和讲话的能力,她的世界只有黑暗与孤独,靠着老师的帮助和自身的顽强努力,海伦·凯勒进入哈佛大学读书,成为一个作家,又在世界各地奔走,建立慈善机构。她用她不屈的勇气和天性的仁慈感动着世界,回顾她漫长的一生,海伦凯勒始终相信爱与希望,她没有见到过光明,却温暖了无数人的心灵。

海伦·凯勒的故事我们并不陌生,她的《假如给我三天光明》是我们每个人都曾听过、读过的书,海伦·凯勒之所以被人们铭记,是因为她经历了普通人无法承受的灾难,但她不屈不挠,仍然用自己的力量帮助他人,她的故事让人们看到希望,相信爱的力量。

随意翻开一张地图,不经意发现世界上每一条河流都是曲曲折折,绕过山川淌过平原,经过不知多少个回环才能进入大海。谁都知道两点之间直线最短,但崇山峻岭的阻碍让河流不得不采取迂回的方式去往自己的目的地。在这个过程中,河流并非毫无收获,它们最大限度伸展了自己的长度,饱览沿途的风光,滋润了干涸的土地,在很多地方,它们被亲切地称呼为哺育人类的母亲。这样辛苦又自豪的一路,曲折一点又有什么关系?

人生也是如此,我们的道路并不是一条直线,没有人能一帆风顺,总会有风雨和坎坷。懂事时候,我们学会梦想,长大后,发现梦想还在遥远的地方,于是我们带着对自己、对他人的爱,带着对梦想的希望前行,生命也可以是一条曲折广阔的河,丰富自我,造福他人,寻找属于自己的幸福。

幸福是什么?天神创造人类之后,召集所有天使开会。他说:"我想把'幸福'作为礼物送给人类,但是,不能让他们轻易就找到,你们说,我应该把'幸福'放在什么地方?"天使们各抒己见,有的说幸福应该藏在蓊郁的森林里,有人说该藏在幽深的大海中,有人说应该放在最高的山峰上,这时最美丽的天使米迦勒说:"我认为'幸福'应该放在人类心里。"

幸福就在我们心里,学会用微笑面对人生,带着爱和希望前行,将幸福当成一种习惯,让你度过的每一天都成为幸福的回忆。